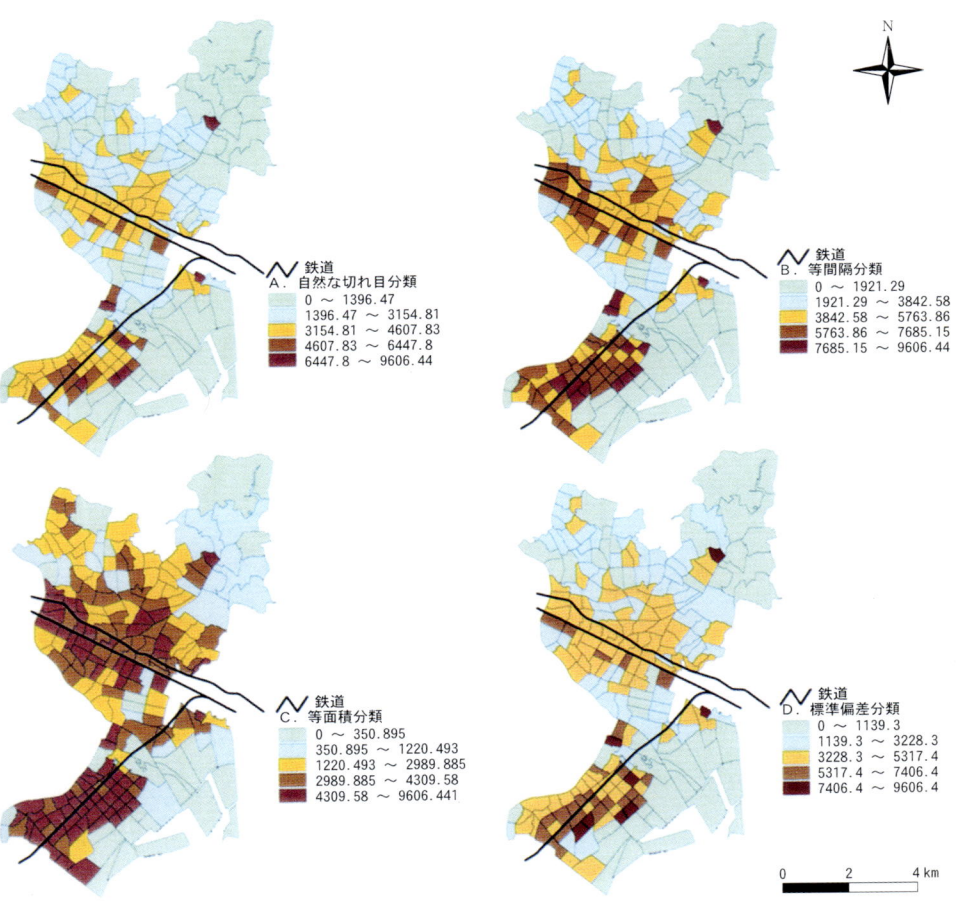

口絵 1　市川市における住宅密度（m²/ha）分類結果
　　　（本文 p. 98 参照）

口絵 2　土地利用分布（本文 p. 104 参照）

口絵 3　地形標高段彩図（本文 p. 104 参照）

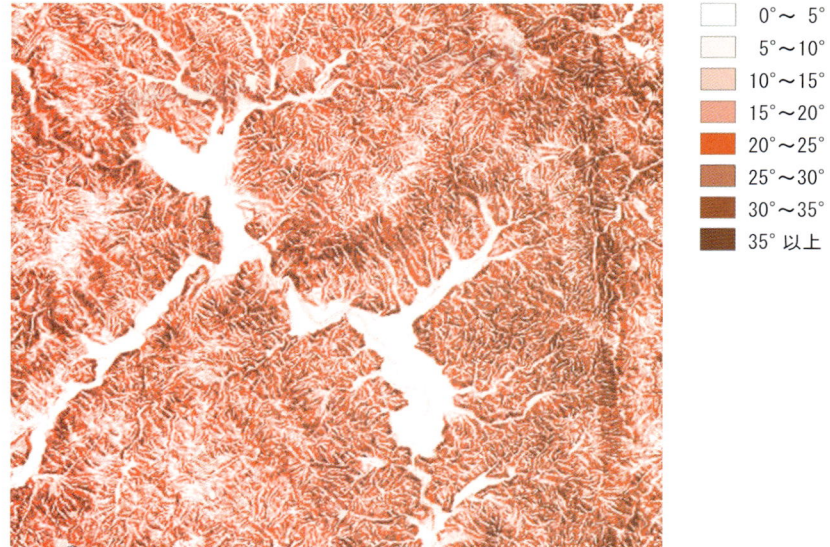

口絵 4　傾斜度分布（本文 p. 106 参照）

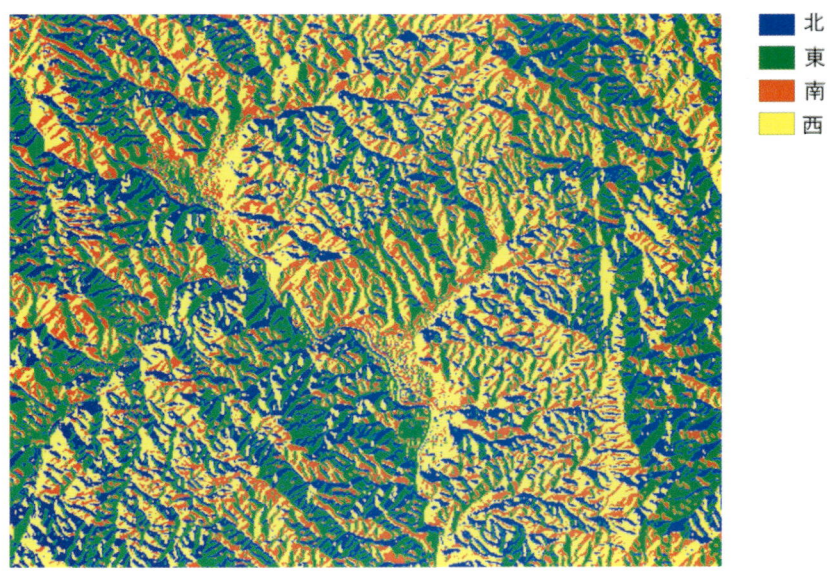

口絵 5　傾斜方位分布（本文 p. 107 参照）

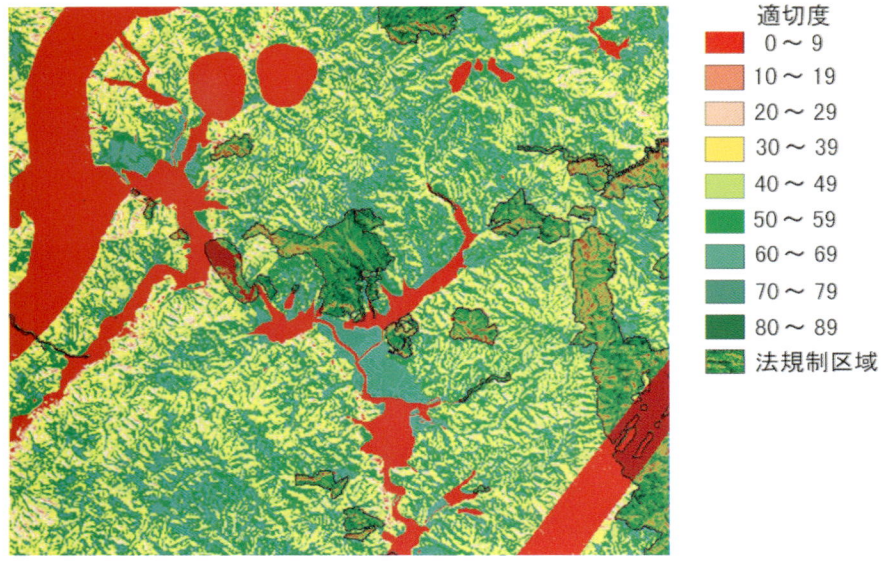

口絵 6　居住環境評価図（本文 p. 109 参照）

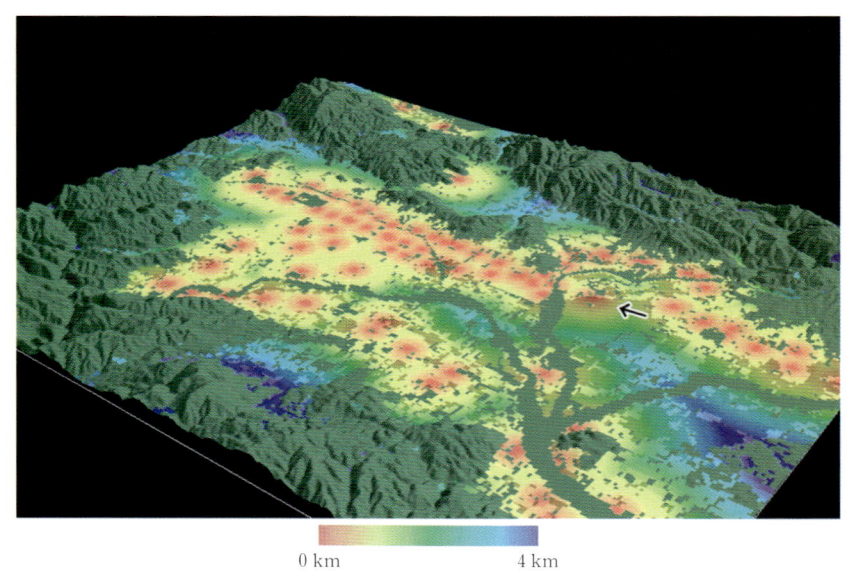

口絵 7　鉄道駅への近接性レイヤーと開発可能性レイヤーとのオーバーレイ表示
　　　　（本文 p. 144 参照）

●シリーズ人文地理学
[編集] 杉浦芳夫・中俣 均・水内俊雄・村山祐司

1

地理情報システム

村山祐司

[編]

朝倉書店

シリーズ〈人文地理学〉
全10巻

[編集委員]

首都大学東京大学院都市環境科学研究科	杉浦 芳夫
法政大学文学部	中俣 均雄
大阪市立大学大学院文学研究科	水内 俊雄
筑波大学大学院生命環境科学研究科	村山 祐司

第1巻

[編 者]

筑波大学大学院生命環境科学研究科	村山 祐司

[執筆者]

筑波大学大学院生命環境科学研究科	村山 祐司
名古屋大学大学院環境学研究科	奥貫 圭一
立正大学地球環境科学部	鈴木 厚志
東洋大学国際地域学部	張 長平
立命館大学文学部	矢野 桂司
京都大学大学院人間・環境学研究科	小方 登
東京大学空間情報科学研究センター	小口 高
日本大学文理学部	高阪 宏行

(執筆順)

はしがき

　位置情報を有するデータを効率的に蓄積，検索，変換して，空間解析や地図出力，さらに意思決定支援を行うコンピュータ・システムをGIS（Geographic Information Systems；地理情報システム）と呼んでいる．

　昨今，このGISが飛躍的な発展を遂げ，学術研究にとどまらず，ビジネスや行政業務にも積極的に活用されるようになってきた．測量，都市計画，資源管理，施設配置，地図情報の提供，エリアマーケティング，ナビゲーション等々，位置情報を扱うあらゆる領域にGISの利用は及んでいる．さらに，インターネット，携帯電話，GPS（全（汎）地球測位システム）の普及がこれに拍車をかけ，GISの活用範囲を広げている．

　ハードウェアのダウンサイジングが進み，個人レベルでも高機能かつ低価格のGISソフトウェアが入手できるようになり，私たちの日常生活にGISは浸透してきた．市役所には窓口情報システムが設置され，市民はGISを操作して都市計画図や土地利用図などを自由に引き出せるようになっている．GISは徘徊老人の捜索にも応用されている．お年寄りにGPS付きの携帯電話を身に付けてもらう．衛星電波がキャッチされると，お年寄りの居場所が監視センターへ自動通報され，その位置（緯度・経度）がセンターにあるパソコン画面にリアルタイムで表示される仕組みである．

　初等・中等教育では，GISという用語が教科書に登場し，今や中学生や高校生にも定着した感がある．学習指導要領の改訂に基づく新教育課程の開始（小・中学校は平成14年度，高等学校は平成15年度から）とともに，GISは地理や地学，情報そして総合的学習に有効

なツールとして認知されつつある．空間的思考を涵養する GIS は，とくに作業・課題学習，そして問題解決学習に効果的である．GIS の技術を活用した学校教育支援のインターネット・サイトも次々と立ち上がっている．

　GIS の普及と歩調を合わせるように，地図（図形）情報のデジタル化が急速に進んでいる．都道府県界，市区町村界や町丁字界などのデジタル白地図は，今やインターネットを介して無料でダウンロードできるし，空中写真，標高データ，都市計画図などを提供するサイトも現れている．国土地理院は 1997 年から 2,500 分の 1 スケールの数値地図（空間データ基盤）の提供を始めた．詳細な道路網図や住宅地図，大縮尺の地形図をデジタル化し，ビジネスにつなげる企業も増えている．デジタル地図は，スケールが固定された紙地図とは異なり，コンピュータの画面上で自由に拡大・縮小して地図の表示が可能である．さらに，いったんデジタル化してしまえば，紙の地図と違って更新がたやすく，常に最新の状況を保持できる．どこの国でもナショナルアトラスを制作しているが，欧米の国々では CD-ROM に GIS を組み込んで広く社会に提供している．ユーザはどこにいてもインターネットを介して最新の属性データを取り込み，リアルタイムでアトラスを更新できるのである．

　画像データは高精細化が進んでいる．1972 年に打ち上げられたランドサット人工衛星は 30 m，フランスの SPOT 観測衛星（1986 年打ち上げ）は 10 m の解像度であったが，1999 年に打ち上げられたイコノス衛星は 83 cm の解像度を誇り，地上 1〜3 m の物体を難なく識別できる能力を有している．画像データは低価格化が進み，個人でも入手しやすくなっている．

　高精細画像データを RS（リモートセンシング）や GIS と組み合わせると，地図作成を大幅に省力化するだけでなく，洪水や砂漠化の監視，あるいは防災などさまざまな応用が可能になる．プラント（工場）管理では，排気ガスや汚水の流動状況を捉えて操業を制御したり，地方自治体では不燃ごみや産業廃棄物の不法投棄を監視したりできる．税務署では，倉庫や住宅の新規立地など固定資産の把握に

GISが役立つであろう．野生動物の行動，森林資源の把握，農作物の収量予測などにも応用が期待できる．また，昨今注目を集める砂漠化や地球温暖化の問題にGISは寄与できるに違いない．

　欧米の大学では，地理学科を中心にGISの講座が設置され，充実したカリキュラムが組まれるようになってきた．これに呼応し，GISの教育用ソフトウェア，コアカリキュラム，教材，概説書などが次々と出版されている．さらに，ワークショップやセミナーなどを積極的に開催して，GISの普及と啓蒙にも努めている．わが国でも，GISの科目を新設する大学が増え，GIS教育に対するニーズが高まっているのだが，残念ながらハード的にもソフト的にもそれを支援する体制が整っていないのが現状である．日本製のGISソフトウェアは数少なく，テキストも数えるほどしか出版されていない．

　このような状況を背景に，「シリーズ人文地理学」の第1巻「地理情報システム」は，GISに関心を持つ地理学専攻の学徒を読者に想定して企画された．執筆は，大学の地理学教室でGISの研究と教育に従事する第一線の先生方にお願いした．このテキストを通してGISの魅力にふれ，その有用性を学び取っていただければ幸いである．

　本書はGISを体系的に理解できるよう構成されている．第1章では，GISの発展を地理学の歩みと関連づけて概説する．第2章では，GISの仕組みと手順を解説する．第3章では，地理情報（一次資料）のデータベース化，データモデル，空間データベースとその管理，空間データの標準化と流通，メタデータなどについて記述する．第4章では，GISを用いた空間データ解析の諸手法を解説する．第5章では，計量地理学の諸手法をGISで操作可能にするジオコンピュテーションについて説示する．第6章と第7章では，GISを用いた実証研究を題材に，地理学におけるGISの有効性について解説するが，とくに第6章は人文地理学，第7章は自然環境研究に焦点をあてる．第8章では，GISの未来を展望し，とくに次世代のGISと地理学との関係を論じる．

　GISは無限の可能性を秘めている．GISの発展を背景に，今日

は し が き

「地理情報科学」(Geographic Information Science) と呼称される学問横断的な領域が生まれようとしている．地理情報科学は，自然・社会・経済・文化に関する属性データと図形（地図）データを一体的に扱って，地理情報を管理・分析・伝達する手法を確立するとともに，その有効性を実社会との関わりの中で探求する学際的な分野である．GIS の S は System から Science へと移行しつつあるのである．地理情報科学に貢献するには，自然科学にも人文・社会科学にも精通し，総合的かつ体系的に空間現象を捉える多専門的な見方・思考が必要になる．将来性に富むこの新しい学問分野を切り拓き育てていくのは，柔軟な思考と発想を持った 21 世紀を担う若いみなさんである．本書を手がかりに，地理情報科学の森に足を踏み入れてみてはいかがだろうか．

最後になったが，本書を刊行するにあたり，私たちの意図と熱意をくみ取り，適切なアドバイスと煩わしい編集作業をしていただいた朝倉書店編集部に感謝の意を表する．

2005 年 4 月

村 山 祐 司

目　　次

第1章　GISの発展 ──────────────［村山祐司］　1

1.1　GISという用語　　1
1.2　GISの歩み　　3
　　GISの誕生／　導入期（1960年代初頭〜）／
　　成長期（1970年代後半〜）／　発展期（1990
　　年代〜）／　システムからサイエンスへ
1.3　GIS研究・教育の組織化　　17
1.4　地理情報のデジタル化　　19
1.5　空間データ基盤整備　　23
1.6　GISと地理学―結びに代えて　　25

第2章　GISの構成と構造 ──────────────［奥貫圭一］　31

2.1　GISのハードウェア　　31
　　コンピュータ／　記憶装置／　出力装置／
　　入力装置
2.2　GISのソフトウェア　　37
　　OS／　アプリケーション
2.3　GISのデータ　　40
　　地図データ／　属性データ
2.4　GISの操作手順　　42
　　地図データの入手と作成／　属性データの入
　　手と作成／　分析，操作，図化
2.5　GISのコスト　　54

第3章　地理情報の取得とデータベース ───────［鈴木厚志］　55

3.1　地理データのモデル　55
データの分類／　空間データ／　属性データ

3.2　地理情報の収集　69
収集データの分類と作業過程／　一次データの収集／　二次データの収集／　地理データの流通と外部データの利用

第4章　GISによる地理的事象の空間解析 ───────［張　長平］　85

4.1　空間的平均と人口重心の移動　86
空間的平均の定義／　人口重心の移動

4.2　距離測定機能と点パターン分析　90
最近隣距離法／　距離測定／　チェーン型商業施設の立地分析

4.3　コロプレス地図作成機能と空間的属性の分類　93
分類法／　ポリゴン面積測定／　住宅密度の分布

4.4　空間解析機能と居住環境評価への利用　99
空間解析機能／　居住環境評価の手順／　評価要素の検討／　基礎図の作成／　加工基礎図の作成／　評価図の作成と評価結果

第5章　ジオコンピュテーション ───────［矢野桂司］　111

5.1　GCの誕生前　111
1980年代までの人文地理学における計量地理学の位置／　GIS革命の展開／　非計量地理学者からのGIS批判

5.2　英国におけるGCの開花—GCの父スタン・オープンショウ　117
GIS革命／　AIツールの発展／　超高速パ

　　　　　ラレル・コンピュータの出現
　5.3　GC の主要な研究テーマ 122
　　　　　パラレル空間的相互作用モデル／　新しいパラメータ推定方法／　最適配置問題へのパラレル・コンピューテーション／　自動化モデリングシステム／　パラレル可変単位地区問題や最適地理学的分割問題／　パラレル空間分類法／　パラレル地理学的パターンと地理学的関係の発見方法
　5.4　地理学における GC の今後の展開―結びに代えて 133

第6章　GIS の人文地理学への応用 ―――――――［小方　登］　139
　6.1　空間データモデル 139
　6.2　バッファリングとオーバーレイ処理による土地評価 ... 140
　6.3　メッシュ統計を利用した都市生態分析 145
　6.4　衛星画像を利用した都市の植生分布分析 149
　6.5　ネットワーク分析 155

第7章　自然環境研究への適用 ――――――――――［小口　高］　161
　7.1　地形学 162
　　　　　基礎情報としての地形データ／　基本的な地形解析／　地形変化の把握／　水系と流域の自動抽出／　自動地形分類／　侵食モデルの構築
　7.2　水文学 169
　　　　　流出解析／　水質解析
　7.3　気候学 170
　　　　　降水量分布／　日射量分布／　気温分布／　大気汚染
　7.4　植生地理学 172

植生の立地条件／　森林の生産性／　植生変化

7.5　土壌地理学　　　　　　　　　　　　　　　　　　173
　　土地条件との関連／　ファジー理論の適用／
　　補間法の適用

7.6　総合的研究　　　　　　　　　　　　　　　　　　174
　　自然景観と自然環境の分析／　自然災害の分析／　自然環境と人文環境の相互関係の分析

7.7　展　望　　　　　　　　　　　　　　　　　　　　175

第8章　これからのGIS ――――――――――――［高阪宏行］　184

8.1　空間分析の進展とGIS環境に適した空間分析　　　184
8.2　空間回帰モデル　　　　　　　　　　　　　　　　186
　　地理加重回帰／　空間拡張モデル
8.3　可変単位地区問題（可変的地区単位問題）　　　　191
　　生態学的誤謬の問題への解決に向けて／　ゾーン設計問題
8.4　地図総描の自動化　　　　　　　　　　　　　　　197

文献紹介 ――――――――――――――――――――［村山祐司］　203
索　引 ―――――――――――――――――――――――――――207

本文中のURLは2005年4月時点のもの．

GISの発展

　GIS は単に地図を描画するだけの道具ではない．膨大な空間データを系統的に解析することによって，私たちが導いた仮説を検証・実証し，空間的意思決定を支援することも可能である．図形と属性の一元的管理により，多様な空間分析を操作可能にする GIS は，地理学の研究を強力にサポートする実用的ツールといえよう[1]．

　1980 年代まで，GIS はミニコンやワークステーションでしか作動せず，その利用は研究者や一部の専門家にとどまっていた．しかし 1990 年代に入り，パソコンで GIS が作動可能になると，大学院生でも気軽に GIS で空間分析を行うようになり，今や GIS を援用して卒業論文を書く学部学生もめずらしくなくなった．

1.1　GISという用語

　GIS は，Geographic Information Systems の頭文字を並べた略語であり，日本語では地理情報システムと訳される．この用語を作り，世界に広めたのはカナダのトムリンソン（Tomlinson）であった（図 1.1）．彼は，1960 年代後半，カナダの広大な土地資源を管理する GIS を世界に先駆けて実用化した人物として知られる．当時，世界のどこを探してもこのような先進的なシステムは稼働しておらず，その技術水準の高さは国際的に評判を呼んだ．トムリンソンはこのシステムを CGIS（Canada Geographic Information System；カナダ地理情報システム）と名付けたが[2]，そう命名した理由を後に次のように述懐している．「地域情報システムとか，空間情報システム，土地情報システムなどの名前を考えていたが，地理情報システムにしたんだ．もともと，私は地理学を専攻したのだし

図 1.1 GIS の父と呼ばれるカナダのトムリンソン[3]

ね.」[4]

　トムリンソンは，1968 年に国際地理学連合（IGU）に設置された「地理的情報の収集と処理」分科会（Commission on Geographical Data Sensing and Processing）の委員長に選出される．この分科会は当時の GIS 研究をリードする研究グループで，GIS に関心を持つ世界の地理学者がこぞって参加した．トムリンソンは，オタワで 1970 年と 1972 年の 2 回，GIS の国際会議を主催し，その成果を「地理的データの処理」のタイトルで世に問うた[5]．2 巻からなるこの書物は，GIS に関する最初の本格的な著作として学界で注目を集めた[6]．トムリンソンは，1980 年まで 12 年間にわたりこの分科会を主宰し，GIS 研究の国際的ネットワーク作りに尽力する．この活発な活動が GIS の名を世界に広め，この用語を定着させたといっても過言ではなかろう．

　1980 年代に入ると，GIS 研究の深化にともない，体系的な GIS 教育の必要性が唱えられるようになる．米国やカナダでは，地理学科に次々と GIS のコースが設置された．トムリンソンが用いた「Geographic」という単語は，GIS の授業を，情報科学科や土木工学科あるいは地域科学科ではなく，地理学科が受け持つのに十分な理由付けとなったのである．これは地理学にとって極めて幸運なことであった．さらに，「Geographic」が学術分野や行政，民間企業，そして社会に浸透し，その結果，学際的な共同研究のまとめ役やシンポジウムのオーガナイザーの役が地理学者に依頼されるようになった．周知のように，米国ではこの時期，地理学の社会的意義が厳しく問われ，ミシガン大学やピッツバーグ大学をはじめ，伝統ある地理学科が閉鎖の事態に追い込まれていた．GIS はこの救世主

となった．GIS の興隆によって地理学の制度的衰退に歯止めがかかり，1980 年代後半には，地理学科は社会に役立つ人材を輩出する学科として息を吹き返すことになった[7]．

日本で「地理情報システム」という用語が使われ出したのは 1980 年代に入ってからである．しかし，当初は地域情報システム，地図情報システム，空間情報システム，あるいはコンピュータ・マッピングなどと呼ばれることが多く，地理情報システムという用語は一般には馴染みが薄かった．実際，日本における GIS 研究のパイオニアの一人で，地理学出身の久保幸夫氏（東京大学，当時）でさえ，1980 年代初頭においても「地域情報システム」という言葉を使っていた[8]．日本において，「地理情報システム」の呼称が定着するのは 1990 年代に入ってからである．それには，GIS 研究の深化と社会への普及を目的とする学術団体が 1991 年に設立され，その名称が「地理情報システム学会」となったことも効いている．GIS が単に空間データベースの維持・管理のための道具ではなく，地理情報を駆使し地域政策や都市計画，あるいはビジネスに役立つ意思決定支援ツールであるとの理解が深まったことも，地理情報システムという訳語の定着に一役買ったと思われる．

「地理情報システム」と「GIS」は同義であるが，以下の記述では，3 文字ですむ GIS で統一することをここで断っておきたい．

1.2 GIS の歩み

GIS が誕生してまだ半世紀にも満たないが，その有用性は学術世界だけでなく，行政や産業界でも広く認知されるようになった．その技術的進歩の速さには目を見張るばかりである．急速な発展を遂げた GIS の歴史を次にたどってみよう．

1.2.1 GIS の誕生

地理学者は古くから地図解析や地図投影法の研究に取り組み，オーバーレイ（重ね合わせ），バッファリング（バッファ生成），カルトグラム（変形地図）などユニークな技法を次々と開発してきた．オーバーレイなどは，すでに 19 世紀という早い時期に隣接諸科学から高い評価を得ていた．1850 年代，ロンドンでは

コレラが大流行したが,その発生要因をオーバーレイ解析で明らかにしたスノウ (Snow) の独創的な研究はよく知られている.スノウは死者の分布図と井戸水を汲み上げるポンプの分布図を重ね合わせて,両者の因果関係を解明したのである (図 1.2).

当時,オーバーレイによる解析は,地図をトレーシングペーパーなどに写し,ライトテーブルの上でそれらを重ね合わせるという根気のいる作業であった.地図の枚数が増えると,その作業量は幾何級数的に増大する.ボロノイ分割 (テッサレーション) やカルトグラムなどは,いざ実証研究に適用しようとすると,煩雑な手作業を強いられる.地理学者たちは,これらの空間分析手法を効率化する工夫を重ねてきたが,問題を根本的に解決するにはコンピュータの出現を待たねばならなかった.

1940 年代末に米国でコンピュータが実用化される.レーダー上の飛行物体をコンピュータで識別する対話型防空システムが米国空軍によって開発され,さら

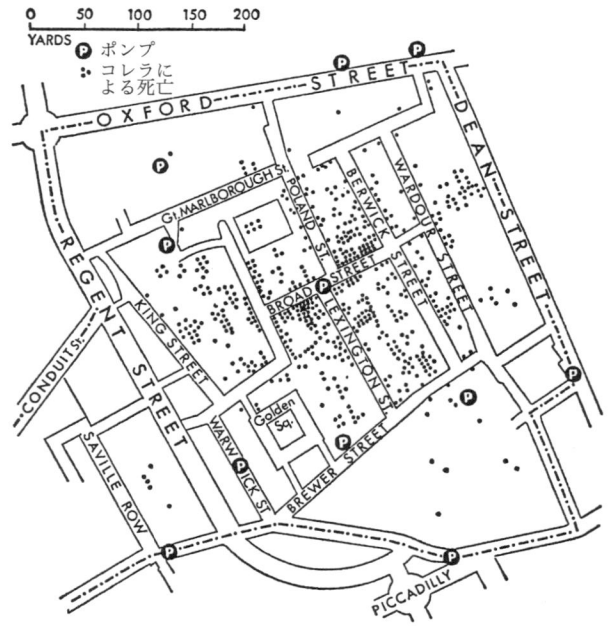

図 1.2 スノウが作成したコレラによる死者の分布図 (ロンドン,1848 年) (スタンプ,1967)[9]

にコンピュータを利用した交通管理システム（CAT）がシカゴ市をはじめ大都市の交通計画に採用されると，地理学者たちはこのハイテク技術を用いて地図作成や空間解析ができないかと考えるようになった[10]．

この課題に真っ先に取り組み，方法論の確立に先導的な役割を果たしたのは，米国の西海岸に位置するワシントン大学のグループであった．1950年代，同大学地理学科の交通地理学者，アルマン（Ullman）やギャリソン（Garrison）は，従前の記載中心の交通地理学に代わる，理論的交通地理学の研究に着手した．彼らは大学院生であったベリー（Berry），マーブル（Marble），トブラー（Tobler），デイシー（Dacey），ナイスチェン（Nystuen）らとともに，コンピュータを駆使した空間分析手法の開発を手がけた．その中の一人で計量地理学の創始者ともいわれるベリーは，人文地理学に多変量解析の手法を導入し，重回帰分析，因子分析，クラスター分析などを実証的研究に適用しようと試みた．ベリーが編み出した地理行列（geographical matrix）は，後に地図と属性をリンクさせるGISの基礎概念として寄与することになる（図1.3）[11]．トブラーはコンピュータを活用した分析的地図学の分野で多大な貢献をなした．とくに，地図学者のシャーマン（Sherman）と共同で行った写真地図生成に関する研究は，地図レイヤー概念を構築するヒントになった貴重な業績であった[12]．また，トブラーはペンプロッターを用いて地図を出力させる自動作図技術の実用化への道を切り拓い

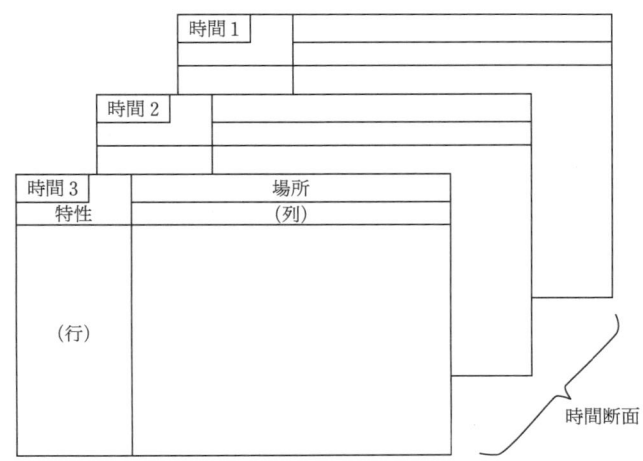

図1.3 ベリーが構築した地理行列の概念（Berry, 1964）[13]

た．さらに彼は地図投影変換の技法でも成果を上げた[14]．

　ワシントン大学地理学科に端を発した理論・計量化の波は瞬く間に北米全域に広がり，地理学界を席巻することになった．中心地理論の精緻化，グラフ理論を援用したネットワーク分析，地域傾向面分析など，この時期に開発された精緻な手法やモデルは枚挙に暇がない．この地理学の方法論的変革，すなわち個性記述から法則定立へのパラダイムシフトは，計量革命と呼ばれた[15]．

　ワシントン大学にはもう一つ別な流れがあった．土木・都市計画学科のホーウッド（Horwood）の研究グループである．このグループは，交通の数理モデルの開発に精力を注ぐ一方，属性と地図をリンクさせるジオコーディングの研究を進めた．ホーウッドは，すでに1950年代後半には地理情報のコンピュータ処理に関する授業を行っていたとされる[16]．URISA（都市・地域情報システム学会）が1963年に設立されるが，その組織化にホーウッドは尽力した．彼はラインプリンターを利用した地図出力ソフトウェアを開発し，1964年にURISAが主催するGISのワークショップ（シカゴ）でその成果を発表するが，このアイデアは計量地理学者や地域科学者によって賞賛をもって受け入れられた．

　この時期，ヘーゲルシュトランド（Hägerstrand）が率いたルンド学派（スウェーデン）の存在も忘れてはならない．彼は1955年という早い時期に，GISの萌芽ともいうべきコンピュータを活用した地理情報管理の論文を発表している[17]．ヘーゲルシュトランドは，XY座標上に住居，工場，公共施設，オープンスペースなどの位置情報をプロットし，属性（地目，面積，人口，固定資産税など）とリンクさせる空間参照手法を提示した．この手法の実用化を目指して，ルンド学派は，1950年代中葉から1970年代前半にかけて，現在のGISの礎となる画期的な研究成果を次々と生み出す．デジタイジングの方法，建物・土地の中心座標点の取り方，最短経路の探索，メッシュ分析，3次元図・ドットマップ・主題図の自動作画など数知れない．ヘーゲルシュトランドのアイデアを具現化し，空間的手法やモデルを操作可能にしたのは門下生のノルベック（Nordbeck）やリステット（Rystedt）らであった[18]．彼らは今日のGISの原型ともいえるソフトウェア，NORMAPを開発し，人口ポテンシャル，立地配分，最短経路，中心地理論，人口分布，地域区分などの研究に活用した．

　1960年にスウェーデンで開かれた国際地理学会議（IGC）において，ルンド学派が開発した計量地理学的諸手法の先進性が世界的に認知されるが，今当時を

振り返れば，ルンド学派はさらにその一歩先を行き，開発した空間分析手法の数々をコンピュータでオペレーショナル（操作可能）にしようと実践研究を精力的に進めていたのであった．このような空間解析指向のツール構築は地理学者だからこそ発想できたのであり，1960年当時，このような先進的研究は世界のどこを見渡してもなかったことは，強調してもし過ぎることはない．スウェーデンでは，これらの蓄積をもとに全国不動産登録のコード化法案が1968年に成立し，これ以降 GIS を援用した土地資源と人的資源の管理が国家プロジェクトとして行われていくことになる．

1.2.2 導入期（1960年代初頭～）

　大学の組織に属する研究者らは，上記のように GIS の概念や技術の進歩に大きな役割を果たしたが，実際に GIS を実用化し，システムを稼働させたのは中央政府や地方自治体であった．膨大な量の地図を作成し，その更新に多くの時間を割かなければならなかったこれら公的機関は，日常業務の効率化を図るため，GIS の構築に重点的に資金を配分したのであった．このため，初期の GIS では，空間分析や可視化（地図出力）よりもデータベース機能が重視され，膨大な地理情報をデジタル化して，それを効率的に保存・管理・更新するシステムの構築に関心が向けられていた．

　前述したように，世界で初めて本格的な GIS を稼働させたのはカナダで，その開発は1960年代初頭から始まった．当時カナダ政府は，持続的な経済発展をにらんで，開発適地の詳細な地図を早急に整備する必要に迫られていた．国土の地形図や土地利用図を5万分の1のスケールで作成する計画であったが，ある試算によると556人の技術者が従事して3年，800万カナダドルの費用（1965年当時）を要すると見積もられた．しかもデータは定期的な更新が欠かせないので，恒常的な人件費も計上しなければならなかった．このような多額の見積もりは，突き詰めてみれば国土の地理的特殊性に起因する．カナダは日本の26倍という国土面積を有しながら，人口は約3,000万（2001年国勢調査）に過ぎない．しかも人口の大部分はアメリカ国境沿いに帯状に偏って分布している．居住域以外は開発が進んでおらず，北方には未踏の地も多い．このため，地形図の作成には詳細な現地調査が必要であり，しかも広い国土を覆うには地図の枚数が膨大になる．これが地図のデジタル化のために莫大な投資を政府に決意させた理由であっ

た[19]．

　カナダよりやや遅れて，オーストラリア，スウェーデン，米国などでも，国土全体をカバーする土地資源管理用のGISが実用化されていく．オーストラリアでは，1970年代にGISARISを完成させ，国家的規模の土地資源管理システムを構築した[20]．これらの国々が，機を同じくして莫大な費用をかけてGISの運用を決断したのは決して偶然ではない．いずれの国も，カナダと似たような事情を抱え，国土管理に多額の財政支出を余儀なくされてきたのである．

　カナダでは，CGISはその後CLDS（カナダ土地データシステム）と呼ばれる，より高位の汎用GISに統合され，国・州・市レベルの資源管理，地域計画に引き継がれていく．ランドサットやSPOTなどの衛星画像データを使って穀物の成長度をモニタリングしたり，過去のデータから現在の成長度を推測したり，気象データ（気温や降水量や日照時間など）をもとに収穫量をシミュレーションするといった高度なシステムへと，CLDSは発展を遂げていった．国連食糧農業機関（FAO）がこのシステムを積極的に活用したことからも，CLDSに対する評価の高さは想像がつく[21]．州政府も独自のGISを開発し，運営していった．例えば，ブリティッシュ・コロンビア州が開発した森林管理システムでは，農業，地質，土壌，植生，水，気象，地形，資源に関する州内の情報がデータベース化され，2万分の1のスケールで6,600枚の地図データが納められた．衛星画像データは自動的に数値地図化された．更新機能も充実していた．このシステムは，伐採可能な木材数の算出，山火事発生の予測，積雪の変動や環境汚染や自然災害を把握でき，州内の森林保全，水域管理，環境計画に威力を発揮した．

　米国では，1960年代中葉に，都市・交通計画の分野でGISの利用が活発化する．主要都市で，都市情報システム（Urban Information System）と呼ばれるGISが稼働し始め，業務の効率化に寄与していく．その先駆けとなったのは，ワシントン特別区の近くのアレキサンドリア市が構築した都市情報システムであった[22]．市内約2万の土地区画を対象にしたこのGISは，60項目の社会経済的属性データを格納し，小地域統計に基づく空間分析が可能なように設計されていた．同じような都市情報システムは，その後米国だけでなくカナダやオーストラリアなどの中規模都市でも運用されていった．

　この時期，米国においてGIS研究の深化に貢献した機関として，米国統計局をあげておかねばならない．米国統計局は1967年に「1970年センサス」用の

DIME (Dual Independent Map Encoding) を完成させた．このシステムは，街路の交差状況，街区の関係位置を把握できるよう位相構造化され，道路名，ZIPコード，住所，基本単位区などに基づき，図形（地図）データと属性データをジオコーディングする斬新な GIS であった[23]．後述するハーバード大学のSYMAP とも高い親和性を有した．DIME は 1990 年センサスに引き継がれ，オンラインデータベースの TIGER (Topologically Integrated Geographic Encoding and Referencing) へと発展していく．

1960 年代後半から 1970 年代にかけて，米国の大学は，空間データベースの構築やコンピュータ・マッピングなど，GIS の基礎研究で成果を上げた．とくに，フォード財団から資金援助を受けて 1964 年に設立されたハーバード大学コンピ

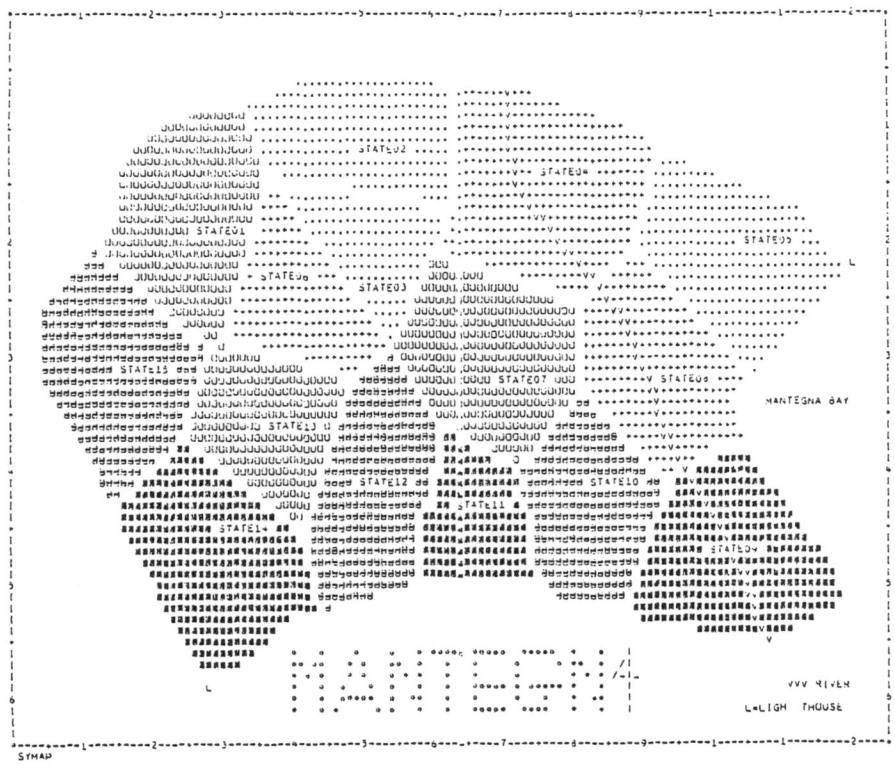

図1.4　SYMAP による地図の出力（中山ほか，1981 a）[24]

ュータ・グラフィックス空間分析研究所（LCGSA；Laboratory of Computer Graphics and Spatial Analysis）は，GISの発展に重要な役割を演じた．ノースウェスタン大学からハーバード大学に移籍したフィッシャー（Fisher）は，同研究所の初代ディレクターに就任するや精力的にGISソフトウェアの開発に打ち込み，かねてから暖めていた自動作図のプログラムを完成させた．SYMAPと呼ばれるこのソフトウェアは，ラインプリンターによる重ね打ちによって等値線図やコロプレス地図などを描画するものであった（図1.4）．傾向面図や回帰分析に基づく残差図なども作成することができた．1970年当時，SYMAPは500を超える正規ユーザを持ち，地図学や地理学の補助教材として大学の講義や演習に活用された．マニュアルは日本語にも翻訳され，筑波大学をはじめ日本の主要大学に導入された[24]．

その後SYMAPは改良を重ね，より汎用性の高いソフトウェアへと進化を遂げる．データの3次元表示を行うSYMVU，ドットマップを描くDOTMAP，メッシュ分析を可能にするGRID，ペンプロッターを用いてコロプレス地図を自動作画するCALFORMなどとも高い互換性を有した（図1.5）[25]．SYMVUは，定点から観察した透視図，すなわち3次元的な形状を平面に描くプログラムで，トブラーによって開発された．SYMVUはその後ASPEXと呼ばれるシステム

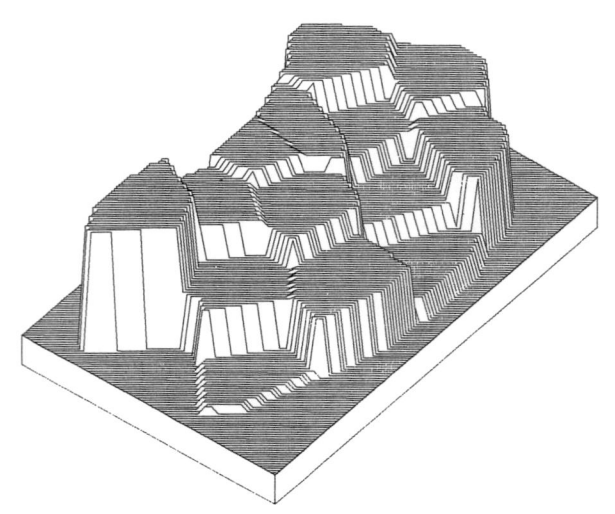

図1.5　CALFORMによる地図の出力（中山ほか，1981 b）[26]

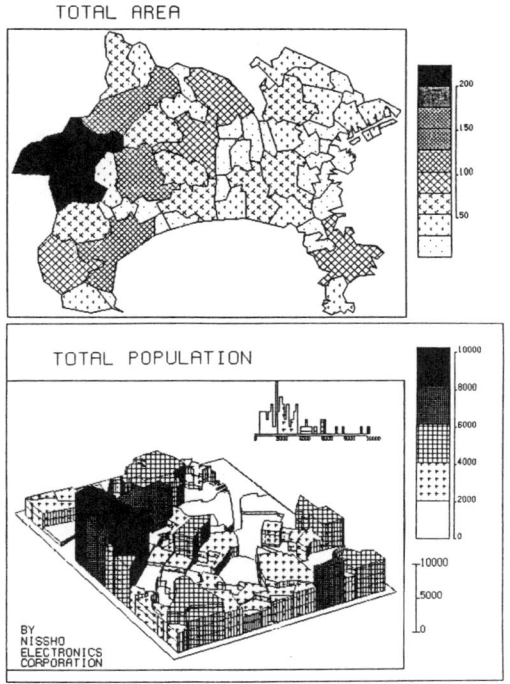

図 1.6 ODYSSEY による地図の出力（(株)日商エレクトロニクス，1984)[27]

に発展し，CRT 表示が可能になった．GRID はシントン（Sinton）によって 1969 年に公開されたが，オーバーレイ機能が充実しており人気を博した．これらの技術を統合し汎用性を高めたソフトウェアが，ベクター型 GIS の ODYSSEY であった（図 1.6）．このソフトウェアは，3 次元図をはじめ各種主題図を描くだけでなく，多様な空間解析機能を備えていたため，米国の多くの大学で導入された．とくにセンサスファイルを容易に取り込めることが普及につながった．日本では，立正大学や筑波大学などにおいて，主として研究用に活用された．ODYSSEY の代理店となった日商エレクトロニクス社からは日本語のマニュアルが出された[27]．

この他に，1960 年代後半から 70 年代にかけて米国で注目された GIS として，MAP/MODEL や SURFACE II などもあげられる．前者は，ESRI 社で試作さ

れる PIOS（Polygon Information Overlay System）の原型となったベクター型のGISで，オレゴン大学によって開発された．後者は，カンザス大学の地理学者ジェンクス（Jenks）と地質学者デイビス（Davis）が，共同で開発したGISで，等値線を描画できる．また，ミネソタ大学の都市・地域分析センター（Center for Urban and Regional Analysis）は，ミネソタ州の土地資源を管理するためのGIS，すなわち MLMIS（Minnesota Land Management Information System）を作り上げた．

1.2.3　成長期（1970年代後半～）

1970年代後半になると，地理学では多変量解析を用いた地域分析が一般に広がり，BMDP，SPSS，SASなどの大型計算機用統計ソフトウェアが脚光を浴びる．重回帰分析や因子分析，クラスター分析などを適用した地域分析が，地理行列データをコンピュータに入力するだけで直ちに可能になった．やがて分析結果をシームレスに地図化できるようにと，これらの統計ソフトウェアには地図作成機能が付加されていく．重回帰分析における残差の地図，因子分析に基づく因子得点の分布図，クラスター分析のデンドログラム（樹形図）に基づく地域類型図などが自動的に作れるようになった．例えば，SASでは，SAS/GRAPHと呼ばれるグラフィック機能により，3次元表示が可能になった．またSASの統計地図ファイルには，カウンティやセンサス・トラクトなどの図形情報が格納されていたので，ユーザは属性データを付加しさえすれば可視化できた．

また，この時期には，土壌学や地球科学の分野で地球統計学（geostatistics）が台頭し，クリギング（kriging）と呼ばれる最適内挿法などが注目を集めた[28]．空間的自己相関分析も進展をみた．

英国では，空間分析と可視化の研究が活発化した．エジンバラ大学はGIMMS（Geographic Information Mapping and Management System）を広く一般に公開し，ロンドン大学のECU（Experimental Cartographic Unit）は高精密な自動作図システムを構築した．英国では，1980年代以降，これらの研究成果が実を結び，空間データの大量統計処理を可能にする Computational Geography，そしてジオコンピュテーション（GeoComputation）へと発展していく．

日本はどのような状況にあったのだろうか．実は，1976年頃から，欧米に引

けをとらない GIS が，久保幸夫らによって開発されている．これは大型計算機で作動し，統計処理や地図化が可能な汎用地域情報システムで，ALIS （Areal Land Information System）と呼ばれた[29]．多変量解析，傾向面分析，空間的自己相関分析，エントロピーなどの統計演算とともに，濃淡表示により分布図，3次元図，多色地図，メッシュ地図などが作成できた．また，同じころ，多くの民間企業がコンピュータ・マッピングのソフトウェアを市場に投入した．例えば，富士通が開発した対話型計画管理情報処理支援システム PLANNER/MAPPING は，主題図や等値線の作成やオーバーレイ解析などの機能を備えていた．このシステムには，都道府県や市区町村単位の地図が地名付きで組み込まれていたため，統計地図の作成がたやすく，大学教育で重宝された．

1970 年代後半は，デジタルデータの体系的な整備が開始された時期である．日本では，国勢調査，事業所統計，農林業センサスなどの指定統計がデータベース化されていく．国土庁（当時）は，1974 年から国土数値情報のデータベース化に取りかかった．地形，気候，水文などの自然情報から人口，文化，社会，経済に至る人文情報まで，国土数値情報には膨大な地理情報が地域メッシュ単位で格納されている[30]．1974 年には，首都圏，近畿圏，中京圏の三つの大都市圏を対象に，宅地利用動向調査も始まった．細密数値情報データと呼ばれ，10 m メッシュという微細なスケールで 19 分類の土地利用が数値化された．当初は磁気テープによる提供のみであったので，利用が一部の研究者に限られていたが，近年では CD-ROM 版も出され，汎用性が高まっている．この調査は 5 年間隔で実施され，今日まで計 6 回のデータ（2005 年現在において，最新は 1999 年調査のデータ）が蓄積されている．1972 年にはランドサット人工衛星が打ち上げられ，衛星画像データの利用も身近になった．1970 年代後半には，画像処理技術が向上し，リモートセンシングと GIS の技術を結び付ける研究も開始された．

1980 年代になると，ワークステーションの普及とともに，GIS が研究室単位で広がっていく．米国の ESRI 社，インターグラフ社，シナコム社などの企業が，ワークステーションで作動する汎用 GIS を市場に投入する．1982 年に ESRI 社が ODYSSEY を改良して発売したベクタータイプの Arc/Info は，世界標準のベストセラーに成長していく．Arc/Info では，トポロジーを用いて図形データを格納しながら，属性データをリレーショナル・テーブル形式で関連付けている．このデータ構造は，1980 年代中頃になると INFOMAP（米国のシナコ

ム社），CARIS（カナダのユニバーサルシステムズ社）などのGISソフトウェアでも採用される．隣接，連結，包含などの空間的関係（位相概念）を操作可能にしたことが，GISのその後の発展を決定付けたといって良いだろう．この技術革新によってGISの実用性が大幅に向上し，ガス，水道，電力，電信電話といった公益企業の施設管理や地方自治体の日常業務にGISが活用されるとともに，ビジネスではエリアマーケティングやナビゲーションなどの分野で成功を収めていった[31]．

1.2.4 発展期（1990年代～）

1980年代末以降，コンピュータのダウンサイジングが加速するとともに，GISソフトウェアの価格が低下し，GIS利用が個人レベルに広がっていった[32]．さらにGISは，行政の窓口業務，生活支援，学校教育，コミュニティ活動などにも使われるようになった．

1990年代には，GISに技術的な躍進がみられた．まず，ラスター型GISとベクター型GISの統合・融合が進むとともに，より柔軟な空間処理を可能にするオブジェクト指向GISが脚光を浴びる[33]．オブジェクト指向GISは，図形と属性の両データを一元的に管理するので，種類が異なる空間オブジェクト（点，線，面）を一体的に処理できる利点がある[34]．データの処理速度が速く，また，2枚の地図にまたがるネットワークやポリゴンの処理が，レイヤー管理型GISより簡単である．オブジェクト指向GISを深化させたのは，データベースモデルを発展させた情報科学の研究者たちであった．オブジェクト指向GISでは，具体的な地物（フィーチャ）をオブジェクト化する原理や規則を含む抽象化のプロセスが重要であり，オントロジー（意味論）を含め，地理学（地誌学を含む）がその理論化や応用面において果たす役割は大きい[35]．

この時期，GPS（全地球測位システム）やRS（リモートセンシング）の技術を取り込んだ新しいタイプのGISソフトウェアが開発されるとともに，通信技術の向上によりモバイルGISやインターネットGISが著しい進展を遂げる．GPSは，観測場所（地点）の特定や一次データの取得に効果を発揮する．ユーザはGPSで取得した位置情報をGISに取り込んで，フィールド（野外）で直ちに地図化や空間分析を行える．行動地理学や認知距離の研究では，移動経路や移動時間の把握にGPSが多用されるようになった[36]．インターネットを通して地

図情報を発信するWebGISや位置情報を提供するLBS (location based service) が，ビジネスとして成功を収めるのもこの時期である．

　欧米では，GISは社会的な追い風を背景に国家政策の一つに位置付けられる．英国では，1980年代，サッチャー政権が情報産業としてのGISの将来性に注目し，全国8カ所に地域研究所 (RRL; Regional Research Laboratory) を設置した[37]．それぞれの地域においてGISを普及させ，GISビジネスを活性化させる試みであった．大型プロジェクトが立ち上がるや，政府機関，自治体，コンピュータ関連企業が地域研究所に研究や調査の委託を始め，サッチャー政権は地場産業としてのGIS企業の育成に成功した．この経済効果は絶大であった．一方，米国では，クリントン政権が国家事業として空間データの体系的な整備を開始するが，これについては後述する．

　1990年代の特徴として，地図，地域統計，衛星画像をはじめ，GISに取り込める空間データが加速度的に増加したことがあげられる．この状況に呼応し，データマイニング（探索的データ解析）の理論的・技術的研究が進み，GISはデータ解析に積極的に活用されるようになった．GISは，元来，演繹的な空間モデルの構築よりも，帰納的思考に基づく地理情報分析に威力を発揮するツールであり，この流れは当然ともいえよう．計量地理学の成果がGISに組み込まれ，GISがモデル稼働 (model-driven) からデータ稼働 (data-driven) へと比重を移していくのも1990年代の特徴である．

1.2.5　システムからサイエンスへ

　今日，GISはツールとしての地理情報システム (Geographical Information Systems) からサイエンスとしての地理情報科学 (Geographical Information Science)[38]，すなわち「空間データを系統的に構築，管理，分析，総合，伝達する汎用的な方法とそれを諸学問へ応用する方法とを探求する科学」[39]へと進化を遂げつつある．この新しい分野を推進するには，地理学，都市工学，測量学，情報科学，地図学，認知科学など隣接諸科学が相互に協力し，連携することが不可欠である．米国や英国の大学では，分野横断的アプローチを強化することにより，学問としての地理情報科学の確立に努めている．特徴的な動きとして，多様な人材を多専門的に配置する傾向を指摘できよう．地図のデザイン・色彩，効果的な可視化を考究する芸術系の専門家，セキュリティや特許などを担当する法律

家，あるいはビジネス起業家育成を支援する経営学者などを，多方面から積極的にリクルートしている．

こうして，地理情報科学に関する大規模な国際会議が定期的に開かれるようになり，年を追うごとに参加者が増えている[40]．学術雑誌では，地理情報科学に焦点をあてた創刊が相次いでいる．1994年には *Journal of Geographical Systems*，1996年には *Transactions in GIS*，さらに1997年には *GeoInformatica* と *Geographical and Environmental Modelling* の刊行が始まった[41]．また，誌名の変更もみられる．*International Journal of Geographical Information Systems* はGISの草分け的存在の国際誌であるが，1997年から *International Journal of Geographical Information Science* と名称を変えた（図1.7）．*The American Cartographer* は1990年より *Cartography and Geographical Information Science* になり[42]，*Mapping Sciences & Remote Sensing* は2004年から *GIScience & Remote Sensing* に変わった．

図1.7 学術雑誌 *International Journal of Geographical Information Science* の表紙

1.3 GIS 研究・教育の組織化

地理情報科学の深化にともない，GIS 研究・教育を推進するための国際的な組織化が進んでいる．トムリンソンが 1960 年代に主導した IGU 分科会「地理的情報の収集と処理」は，その後も活発な活動を展開し，現在の「地理情報科学」分科会（Commission on Geographical Information Science）や「地理システムのモデル化」分科会（Commission on Modelling Geographical Systems）に引き継がれている[43]．

ヨーロッパでは，1993 年に EUROGI（European Umbrella Organisation for Geographic Information）が結成された．また，ヨーロッパ 20 カ国から 50 の高等教育機関が参加して，1998 年には AGILE（The Association of Geographic Information Laboratories for Europe）が設置された．どちらも各国の研究組織や行政団体を束ねて，GIS の普及と GIS コミュニティの強化に取り組んでいる．EUROGI の事務局はオランダにあり，ヨーロッパ 22 カ国の 25 の機関（2004 年現在）が参加している．

北米では，1990 年代の GIS 研究をリードした研究機関として，カリフォルニア大学サンタバーバラ校を中核とした国家地理情報分析センター（NCGIA）がよく知られている．この実績を背景に，1999 年には空間統合社会科学センター（CSISS：The Center for Spatially Integrated Social Science）が新設された[44]．社会学，行動科学，経済学を含む社会科学一般の中に地理情報科学を位置付けながら，学際的共同研究を推進するセンターで，GIS ソフトウェアの開発，ワークショップの開催，教材開発，空間分析ツールのクリアリングハウス運営など，多様な活動を展開している[45]．同センターの設立は，GIS が広く社会科学全般に浸透しつつあることを示唆している．また，1995 年に設立された UCGIS（University Consortium for Geographic Information Science）もユニークな存在である．大学がコンソーシアムを組んで，GIS の情報交換，コアカリキュラムの策定，ワークショップ・セミナー開催などを実施し，GIS の教育と普及に力を注いでいる．地理学の総本山であるアメリカ地理学会（AAG）では，地理情報システムと空間分析とモデリング（Spatial Analysis and Modeling）の専門グループが活動している．

日本の地理学界において，GIS 研究を活性化させたのは，1990 年から 1993 年にかけて実施された文部省科学技術研究費重点領域研究「近代化による環境変化の地理情報システム」であった．100 名を超える自然地理学者と人文地理学者が総力を挙げて，日本の近代化がもたらした環境変化とそのインパクトの研究を行った．そのプラットホームが GIS であった[46]．このプロジェクトは，専門分化して対話が希薄になりつつあった自然地理学者と人文地理学者の再交流の場を提供した[47]．

　1991 年には，地理情報システム学会（GIS Association in Japan）が設立された．同学会の会員数は設立当初は 300 名弱に過ぎなかったが，その後は着実に増加し，2004 年時点で 1,600 名に達している．伝統ある学会の多くが会員数の停滞や活動資金難に悩み，年齢構成のピラミッドが釣り鐘型へと移行しているのに対し，地理情報システム学会には若い会員が多数加入し，そのピラミッド構造は裾野の広い富士山型を維持している．地理学をはじめ，都市・地域計画学，情報科学，農学，測量学，建築学，考古学など，会員の専門分野は多彩である．大学や研究機関だけでなく民間企業や行政機関からも，この学会には多数参加している．GIS に関心を持つ研究者は，この他，土木学会，日本都市計画学会，日本国際地図学会，日本地域学会などで活躍している．地理学の分野では，日本地理学会に GIS の研究グループが存在する[48]．

　1998 年 4 月には，GIS の学術研究と教育の拠点として，東京大学に空間情報科学研究センター（CSIS）が誕生した．このセンターでは，三つの研究部門（空間情報解析，空間情報システム，時空間社会経済システム）を設置し，①空間情報科学の確立・普及，②研究用空間データ基盤の整備，③産官学共同研究の推進に取り組んでいる．研究スタッフは分野横断的に配置されている．

　政府が主導する組織には，地理情報システム（GIS）関係省庁連絡会議がある．関係省庁の密接な連携のもとに，GIS の効率的な整備および相互利用の促進に取り組んでいる[49]．産官学が連携する組織には，国土空間データ基盤推進協議会（NSDIPA），GIS 官民推進協議会，地理空間情報技術利用促進協会（GITA-Japan）などがある．最後の GITA-Japan は，1978 年に米国コロラド州に設立された GITA INTERNATIONAL（AM/FM のユーザおよびサポート企業を核とした団体）の日本支部であり，地理空間データの取得，IT 関連技術の啓蒙・教育，技術交流などを実施している．産官学連携の動きは，今日地方や

地域レベルにも広がりつつある．例えば，北海道では1998年にGIS/GPS普及推進研究会，茨城県では2003年にNPO法人「GIS総合研究所いばらき」が設立された．両組織とも，GISの普及とGISの地域内地場産業化を推進している．

学校教育のGISをターゲットにした組織には，教育GISフォーラム[50]がある．教育現場とGIS関連業界とを結び付け，GISの普及・発展に寄与している．GISリテラシー向上のための研修会，現場での活用事例を報告する研究（授業）発表会，コミュニティレベルでの講師，実務家の派遣などを実施している．

1.4　地理情報のデジタル化

地理情報とは，座標（経緯度など）や住所などによって位置情報が特定でき，地理的に参照可能な情報であり，図形（地図）データと属性データに大別される．施設の分布や行政界・道路などが入った基図などは図形データに含まれる．一方，人口・産業・就業といった地域の社会経済統計や自然環境データ（地形・気候・水文）などは属性データに含まれる．POS（販売時点情報管理），パーソントリップ，不動産取引，犯罪発生地点情報などの個別情報も属性データの範疇に入る．今日，非集計（個別）データは多方面にわたり蓄積が進んでいる[51]．GISの操作性がどんなに向上しても，良質の地理情報が整備されて，ユーザに安価に提供されなければ，社会にGISは根付かない．その意味で，地理情報のデジタル化を今後さらに加速させる必要がある．

社会的ニーズが高い官庁統計などは，時間の経過とともに利用価値が逓減するので，公表は迅速になされねばならない．道路や鉄道と同じように空間データを社会基盤（公共財）として位置付け，その体系的な整備に取り組む米国は，この点においてもわが国の一歩先を歩んでいる．例えば，米国で2000年4月に実施された国勢調査（センサス）では，2億8,140万の人口が調査されたが，わずか1年後には，インターネットやCD-ROM，DVD，あるいは報告書などさまざまな媒体を通じて，詳細な結果表が公開された．公表する地域単位はユーザのニーズを考え，ブロック（街区），ブロックグループ（街区群），センサス・トラクト，市区町村と多様である．最小の表章単位はブロックで，その数は米国全土で850万ポリゴンにも達する．2001年11月には，カウンティを地域単位とする人種別人口アトラス[52]が書店に並んだ．センサス実施からわずか1年半というス

ピードであった．公表時期の短縮を可能にしたのは GIS の技術である．米国統計局は，さらにセンサスマッピング・システムを開発し，インターネット GIS を活用して，米国内だけでなく全世界に地図情報を発信している．

空間データは，ネットワークを介してユーザ間で相互に利用できることが望ましい．そのためにはデータの規格化が欠かせない[53]．データに関するデータ（これをメタデータと呼ぶ）を共通のルールで定型化することが必要になる．データの内容，規格，書式，所在，品質，入手方法などに注目し，そのカタログ化を図ることをメタデータの標準化という．メタデータの標準化は喫緊の課題であったが，その国際規格がようやく 2003 年 5 月に ISO 19115 として発行された．この作業を担当したのは，国際標準化機構（ISO）の数値地理情報専門委員会（ISO/TC 211）であった．しかし，ここでは世界共通の基本的骨格だけが定められたので，わが国では，この規格に追加する形で日本版メタデータプロファイル JMP 2.0 が策定された[54]．この実務を担当したのは国土地理院で，日本語に対応できるよう，ISO 19115 のコアメタデータ（約 50 項目）に約 70 項目が加えられた．これによって，インデックス情報として活用したり，アプリケーション間で地理情報を相互に利用できるようになった．

メタデータを標準化しただけでは，空間データの流通は進まない．空間データが異なる GIS ソフトウェア間で自由に交換できる環境が構築されねばならない．空間データの仕様を統一し，相互運用性を確保するための作業（オープン GIS の研究）は，米国の民間標準化団体である OGC（Open GIS Consortium）[55] が進めている[56]．OGC には，250 を超える企業，研究機関，大学などが加盟している．

空間データの共有化，GIS ソフトウェアのネットワーク化は，測地系（地球上の位置を経度・緯度で表示する基準）に関して国際的な標準化を促した．GPS や高精細衛星画像のめざましい普及がこの流れを加速させた．先進諸国を中心に世界共通の座標系である世界測地系（地球の重心と一致するよう楕円体の中心を設定）への移行が進んでいるが，アジア太平洋地域では，インドネシア，ニュージーランド，オーストラリアなどがすでに移行を完了した．日本では，回転楕円体（ベッセル楕円体）を位置の基準とする，いわゆる日本測地系を明治時代から用いてきたが，平成 14 年 4 月 1 日から世界測地系に移行した．これにより，国家基準点の位置精度および信頼性は飛躍的に向上した．

1.4 地理情報のデジタル化

大阪府豊中市は，公共測量成果をいち早く世界測地系に座標変換し，国家基準点を有効利用している先進的な地方自治体の一つである．1級（36地点），2級（163地点），3級（1,903地点），4級（8,000地点）の基準点，そして道路境界点（8万2,000地点）を定め，道路境界確定，道路台帳管理，固定資産評価管理，防災，住民窓口サービスなどに効果を上げている．今後，国の機関や地方自治体などが行う測量では，二重投資が減り[57]，コストの大幅な縮減効果が期待できよう．

空間データの共有化や流通を推進するには，各種のメタデータを登録したクリアリングハウスの設置が有効である．空間データの作成者は，ネットワークを通してクリアリングハウスにアクセスして情報提供を行う．一方ユーザは，インターネットのブラウザを使って所在情報や空間データを入手する．米国では，連邦

図1.8 連邦地理データ委員会（FGDC）による地空間データクリアリングハウス（ホームページ）[58]

地理データ委員会（FGDC：Federal Geographical Data Committee）が大規模なクリアリングハウスを開設し，連邦・州政府，大学，研究所，企業と連携して空間データの流通を促進している．さらに連邦地理データ委員会は，世界各国の政府，諸機関，民間企業にもプロジェクトへの参加を呼びかけ，世界各地の空間データの所在や地理情報を検索できる地空間データクリアリングハウス（Geospatial Data Clearinghouse）の整備に取り組んでいる[58]．現在，250を超えるサーバがこれに登録されている（図1.8）．

日本では，インターネット上に分散・点在する地理情報の所在情報を一斉に検索できる地理情報クリアリングハウス[59]が立ち上がっている（図1.9）．国土地理院が構築したもので，各省庁や研究機関，民間企業が保有する空間データを探し出すことができる．この他に，CSIS[60]やNSDIPA[61]などが独自のクリアリングハウスを開設している．民間レベルでは，ESRI-Japan社が運営するGeography Network Japan（日本版）のポータルサイトが重宝である[62]．このクリアリングハウスを用いると，地理的な範囲やメタデータ項目などさまざまな検索

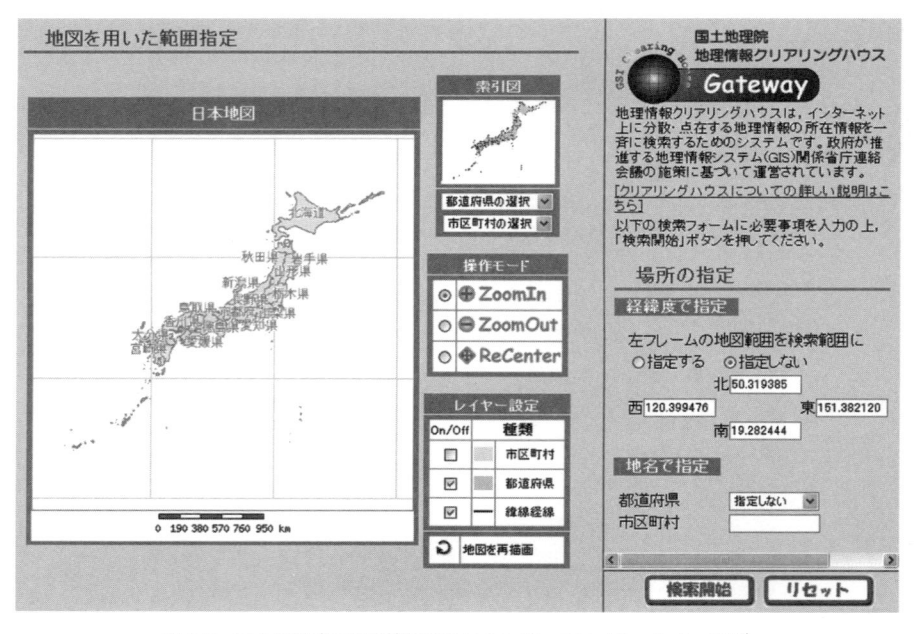

図1.9 国土地理院の地理情報クリアリングハウス（ホームページ）[59]

条件で，必要な地理データを効率よく見つけることができる．

　今日，ADSLや光ファイバーが普及し，通信速度は飛躍的に向上している．インターネットを介して大量の空間データを受け渡すことができ，インターネットGIS[63]はその実用性を高めている．WebGISとも呼ばれるこのシステムは，1990年代の後半から，OSを問わず作動するJava言語の普及とともに急速に広まった．インターネットGISは，ビジネス，行政サービス，そして学校教育にも有効で，広い用途が期待される．国土地理院が2002年から運営している電子国土Webサービスには，多くのインターネットGISが登録されつつある．

　インターネットGISでは，通常，一カ所のサーバにデータやGISソフトウェアを置き，このサーバに処理をリクエストする方式が取られる．しかし，これとは別方式のシステムも模索されている．例えば，GLOBALBASE[64]がある．このプロジェクトでは，分散している地理情報に自由にアクセスし，ユーザ自身が地理情報を結合する方式が提示されており，この仕組みは自立分散型アーキテクチャと呼ばれている．従来型は，すべての地理情報を一つのサーバが管理する方式なので，集中型アーキテクチャといえる．

1.5　空間データ基盤整備

　国家政策として，空間データの整備にいち早く取り組んだのは米国であった．1993年に，クリントン政権は情報スーパーハイウェイ構想を提唱し，翌年に国土空間データ基盤（NSDI）に関する大統領令を発令した．デジタル地図，衛星画像，地域統計をはじめ各種の空間データを，21世紀の社会生活に不可欠な情報インフラとみなし，その整備と流通を促進させることがねらいであった．その実務はFGDCが担当した．連邦政府や州政府あるいは民間が保有する空間データの相互利用をいかに推進するか，汎用性の高い空間データを誰がどのように作成するか，そしてどう提供するか．FGDCは空間データ基盤の仕組みとあり方について検討するとともに，さまざまな施策を速やかに実行に移した[65]．この計画は順調に推移し，1998年には，ゴア副大統領（当時）が，デジタルアース構想を提唱した．これは，究極的には全世界の地理情報を電子化することにより，デジタルアース（電子地球）を構築するという壮大なプロジェクトであった[66]．

　米国の動きに刺激され，日本でも，1990年代中葉になってようやく空間デー

タ基盤整備[67]）の機運が高まった．直接のきっかけは，1995年1月に発生した阪神・淡路大震災であった．地震発生後直ちに，地理情報システム学会は「空間データの社会基盤整備に関する提言書」をまとめ，空間データを社会資本と認識し，その整備と流通を国家事業として速やかに，かつ効果的に推進するよう各省庁に働きかけた[68]．その2カ月後には，国会議員有志が「国土空間データ基盤整備推進議員連盟」を設立し，首相官邸がリーダーシップをとり，空間データ基盤の整備を急ぐように提言した．これを受けて，1995年9月に，各省庁間で情報を共有し，国土空間データ基盤の整備を推進する「地理情報システム（GIS）関係省庁連絡会議」が設置された．1996年から概ね3年をGIS推進の基盤形成期，その後3年を普及期とし，国と地方公共自治体が協力して，21世紀当初までに国土空間データ基盤の一通りの整備を完了させるという段階的スケジュールが各省庁間で合意された[69]．

2002年には，この地理情報システム（GIS）関係省庁連絡会議のもとで，GISを有効に活用し，行政の効率化と質の高い行政サービスを目指す「GISアクションプログラム2002-2005」が策定された．2003年度のフォローアップによれば，このGISアクションプログラムは順調に推移し，次のような効果を上げている[70]．① 地理情報標準のJIS化など，地理情報の標準に関する規格化が進んでいる．② 公共測量業務への適用が始まるなど，地理情報の電子納品が着実に進展している．③ 官民共通で利用できる地図データの品質を明示する枠組み（「品質評価表」）が策定され，地理情報の電子化と提供が進んでいる．④ 全都道府県と約1/3の市町村にGISが導入され，地方公共団体においてGISは業務に不可欠な存在になりつつある．

省庁の中でも，国土交通省や総務省は，とくに空間データ基盤の整備を強力に進めている．国土交通省においては，国土地理院が数値地図を整備し，空間データ基盤2500の無料ダウンロード，クリアリングハウスの運営，セミナーの開催などを通じて，GISの普及に努めている．さらに，国土地理院は，地球全体を対象にデジタル地図データを整備する地球地図プロジェクトを立ち上げるとともに，地球地図国際運営委員会の事務局を務めている．また，同省国土計画局（国土情報整備室）は，国土数値情報ダウンロードサービス[71]，街区レベル位置参照情報ダウンロードサービス[72]，国土情報ウェブマッピングシステム[73]を運用し，空間データの流通促進に尽力している．

総務省では，統計局が地域統計や行政界を含む空間データのデジタル化を進め，その流通を促進すべく統計GISプラザ[74]や統合型GISポータルサイト[75]を設置している．統計局は，統計調査の効率化にも取り組んできた．例えば国勢調査．街区レベルで属性データと地図データをマッチングさせ，地図表示が可能なセンサスマッピング・システムを実用化した．これにより，集計作業や作表が自動化され，手作業によるルーティーンワークは大幅に改善された．調査区域の変更・更新がコンピュータ上で瞬時に可能になり，編集ミスも消えた．

1.6 GISと地理学―結びに代えて[76]

21世紀に入り，空間データの整備が急速に進んでいる．地理情報のデジタル化は地図や地域統計にとどまらない．個別データ（顧客情報など）や観測データ（気温，降水量など）なども同様で，GISユーザは位置情報と時間情報が付与された非集計データをリアルタイムで入手できるようになってきた．

非集計データの流通は，地理学者に空間概念と時間概念の再考を促している．これまで単位地域や分析年次の設定は，提供される（集計）データに左右された．今日，非集計レベルでデータ利用が可能になり，空間（地域）と時間をどのように切り取るかはユーザ側に委ねられることになった．

GISの発展により，地図に対する私たちの認識も変わってきた．地図の更新，拡大・縮小，地物の表示・非表示などがコンピュータ上で自在になり，地図は与えられたものではなく，ユーザ自身が作り出すものになった．地図変換技術やアニメーション技術の深化は地図加工を容易にし，時間軸を組み込んだ動的デジタル地図の作成も可能にしている．GISの世界では，精巧な地図を作るということは，できる限り現実に近づけた仮想的実体を構築する試みなのである．

1950年代に米国で台頭した理論・計量地理学は，法則定立的思考を地理学界に根付かせるとともに，空間構造から空間プロセスへと研究の力点を移行させた．この計量革命から半世紀，私たちは今「GIS革命」の真っただ中にいる．精緻な空間モデルの構築を支援して，的確な空間的意思決定を可能にするGISの技術は，空間プロセスから空間予測へと研究の幅を広げるだけでなく，空間制御・管理にまで地理学者の目を向けさせようとしている．「計量革命」が地理学の（社会）科学化を導いたのに対し，「GIS革命」は地理学の政策科学化を導い

ているともいえよう．GIS は，問題解決思考を涵養し，計画・政策立案に貢献しうる空間的意思決定支援システムなのである．GIS 研究の推進にあたっては，地理学は，純粋な基礎科学から工学的発想を取り込んだ応用科学への脱皮が求められている．

計量革命が世界に浸透するのに十数年を要したが，GIS 革命は世界同時的かつ急速に進行している．この大波は地理学だけでなく，都市社会学，地域経済学，地域科学，考古学，農林学，地域生態学，公衆衛生学，都市計画学をはじめ，地域（空間）を対象とするあらゆる学問領域に及んでいる．その勢いは今後さらに加速するであろう．このような状況下において，GIS の有効性にいち早く注目し，GIS の研究・教育のリーダー役を自負してきた地理学は，今何をなすべきであろうか．他分野からどんな役割が期待されているのであろうか．

地理学が GIS 研究において中核的な役割を演じていくには，理論，技術さらには応用的側面から GIScience（地理情報科学）の学問的向上に寄与し，その成果を隣接諸分野に発信していくことが肝心である．GISystem（地理情報システム）の単なるユーザにとどまっていては，未来は開けない．

地理学が独自性を発揮できる分野は何だろうか．自然科学にも人文・社会科学にも通じた地理学だからこそ重点的に推進すべき分野として，ここでは空間データの取得とデータベースの構築に関する研究をあげておきたい．地表面で生起するさまざまな地理的現象をどのように収集し，いかに効率的にデータベース化したら良いだろうか．地理学が培ってきたフィールドワークの技法は，この方面の研究に重要な貢献をなすとともに，モバイル GIS の発展に寄与するに違いない．全世界の地理情報を電子化するデジタルアースのプロジェクトには，人文・社会科学から理学・工学に至るまで多くの研究者が関心を寄せている．人工衛星から取得した各種の衛星画像データをデジタルアースへ貼り付ける作業が完了すると，次はローカルな地域情報を電子化し，デジタルアースに埋め込んでいくという膨大な作業が待ち受けている．この取り組みにおいて，フィールドサイエンスとしての地理学に大きな期待が寄せられている．同時に地理学の真価も問われることになろう．

理論・計量地理学がこれまで開発してきたユニークな分析手法や空間モデルを GIS で操作可能にすることも，地理学者が取り組むべき喫緊の課題である．地域科学や計算幾何学などの分野とも積極的に交流し，ジオコンピュテーションの

研究を発展させることが必要である．いずれにせよ，地理学者にとっては，隣接諸分野の研究者を惹き付ける，魅力ある GIS 研究のプラットホームを築くことが何よりも大切であろう． 〔村山祐司〕

文献

1) 村山祐司（2001）：地理学と GIS．GIS—地理学への貢献（高阪宏行・村山祐司編），pp. 1-23，古今書院．
2) Tomlinson, R. (1998)：The Canada geographic information system. *The History of Geographic Information Systems* (Foresman, T. W. ed.), p. 30, Prentice-Hall.
3) ArcNews Online (ESRI) より．
4) 久保幸夫・厳　網林（1995）：地理情報科学の新展開，p. 26，日科技連出版社．
5) Tomlinson, R. F. ed. (1972)：*Geographic Data Handling*, IGU Commission on Geographical Data Sensing.
6) トムリンソン，R. F. 著，久保幸夫・金安岩男訳（1985）：地理的情報システム—新たな挑戦．地理 3 月増刊「地理とコンピュータ」特集号，pp. 14-24，古今書院．
7) 野口泰生（2002）：米国地理学復興への道．地理，**47**(10)：58-67．
8) 久保幸夫（1980）：地理的情報処理の動向．人文地理，**32**：328-350．
9) スタンプ，L. D. 著，別技篤彦・中村和郎訳（1967）：生と死の地理学，古今書院［Stamp, L. D. (1964)：*The Geography of Life and Death*, Cornell University Press］．
10) 前掲 8)．
11) 碓井照子（1995）：英米における GIS 研究とその応用的利用．奈良大学紀要，**23**：123-132．
12) Sherman, J. and Tobler, W. R. (1957)：The multiple use concept in cartography. *Professional Geographer*, **9**(5)：5-7.
13) Berry, B. J. L (1964)：New approaches to the geography of the United States. *AAAG*, **54**：2-11.
14) Tobler, W. R. (1959)：Automation and cartography. *Geographical Review*, **49**：526-534.
15) 村山祐司（2003）：GIS と都市地理学．21 世紀の人文地理学展望（高橋伸夫編），pp. 61-70，古今書院．
16) Chrisman, N. R. (1998)：Academic origins of GIS. *The History of Geographic Information Systems* (Foresman, T. W. ed.), pp. 33-43, Prentice-Hall.
17) 村山祐司（1996）：スウェーデンにおける人文地理学の展開．地学雑誌，**105**：411-430．
18) Nordbeck, S. and Rystedt, B. (1972)：*Computer Cartography ; The Mapping System NORMAP ; Location Models*, Studentlitteratur.
19) 前掲 6)．
20) 前掲 8)．
21) 村山祐司（1992）：実用科学をめざすカナダの地理学．地理，**37**(10)：43-48．
22) 前掲 8)．
23) DIME は，トポロジカルデータ構造に基づく空間データベースを構築したという点で画期的なシステムであった．基本的な構成要素は，0 次元の 0 セル（点），1 次元の 1 セル（線），2 次元の 2 セル（ポリゴン）からなる．例えば，1 セル（線）は端点と形状点からなり，これらの座標値および端点の経度・緯度が入力されている．このように，DIME は位相構造化された空間データベースである（地理情報システム学会 用語・教育分科会編 (2000)：地理情報科学用語集（第 2 版），p. 15，地理情報システム学会）．
24) 中山和彦・星　仰・及川昭文（1981 a）：図形処理プログラム解説書—SYMAP・GRID—，丸善筑波支店．

25) 前掲 8).
26) 中山和彦・星　仰・及川昭文他 (1981 b)：図形処理プログラム解説書―CALFORM・SYMVU ー, 丸善筑波支店.
27) (株) 日商エレクトロニクス (1984)：ODYSSEY―コマンド・レファレンス・ガイド, (株) 日商エレクトロニクス.
28) 前掲 11).
29) 久保幸夫 (1983)：グラフィック・プログラム ALIS 利用の手引き, 東大大型計算機センター.
30) 国土数値情報のダウンロードサービス (http://nlftp. mlit. go. jp/ksj/) を参照.
31) ArcExplorer, TNTlite や GRASS をはじめ, ホームページからダウンロードできるフリーのソフトウェアが増え, 学生 (生徒) は気軽に空間分析が可能になった.
32) Lo, C. P. and Yeung, A. K. W. (2002)：*Concepts and Techniques of Geographic Information Systems*, Prentice-Hall.
33) オブジェクト指向 GIS のソフトウェアとしてはスモールワールド GIS が古くから知られている. 森本　眞 (1996)：スモールワールド GIS. GIS ソースブックーデータ・ソフトウェア・応用事例―(高阪宏行・岡部篤行編), pp. 202-208, 古今書院. フランス生まれの GeoConcept もオブジェクト指向 GIS で, 日本語版は (株) 伊藤忠テクノサイエンスが販売.
34) 碓井照子 (1995)：GIS 研究の系譜と位相空間概念. 人文地理, **47**：562-584. 碓井によれば, オブジェクト指向アプローチにおけるオブジェクトとは,「あるデータとそれを使用するための基本的な操作・手続き群をひとまとめにし, その合併体を 1 つのモジュールとしてみなしたもの」である. 従来の「データと手続きを別々に管理し処理してきた手続指向のアプローチ (リレーショナルデータベースや FORTRAN や C 言語など) に対して「データと手続を一体とみなす考え方」に基づいている.
35) 碓井照子 (2004)：GIS 革命と地理学―オブジェクト指向 GIS と地誌学的方法論―. 地理学評論, **76**：687-702.
36) 森本健弘・村山祐司・近藤浩幸・駒木伸比古 (2004)：行動地理学における GPS・GIS の有用性―野外実習を通じて―. 人文地理学研究 (筑波大学), **28**：27-47.
37) RRL は 1987 年から 88 年にかけて設置された. 矢野桂司 (2001)：計量地理学と GIS. GIS―地理学への貢献 (高阪宏行・村山祐司編), pp. 246-267, 古今書院.
38) Goodchild, M. F. (1992)：Geographical information science. *International Journal of Geographical Information Science*, **6**：31-45.
39) 東京大学空間情報科学研究センターの資料による.
40) GIScience の国際会議は 1 年おきに米国で開かれ, 300 人以上の参加者を集める. 主催は NCGIA, AAG, AGILE, UCGIS の 4 団体で, 2004 年は 10 月にメリーランド大学で開催された. 一方, GeoComputation の国際会議はリーズ大学地理学科がホストになって 1996 年から始まった. 英国の地理学者を中心に毎年開催されてきたが, 2002 年からは GIScience の国際会議と交互に開催されるようになった.
41) 岡部篤行 (1999)：地理情報システム (GIS) と数理地理分析関連の学術雑誌概観. 地学雑誌, **109**：1-9.
42) 空間分析や計量地理学を志す学徒にとっては, *Computers, Environment and Urban System, Geographical Analysis, Journal of the Urban and Regional Information Systems Association* なども目を通しておきたい雑誌である. 日本では, 地理情報システム学会から「GIS―理論と応用」(1993 年創刊, 年 2 回発行) が刊行されている. 同学会の学術研究発表大会における発表論文を掲載した「地理情報システム講演論文集」(年 1 回) は, 日本における最新の GIS の研究動向を探る上で参考になる. なお GIS の商業雑誌には季刊の GIS NEXT ((株) クリエイトクルーズ) がある.
43) 活動の詳細はホームページ (http://www.hku.hk/cupem/igugisc/) を参照.
44) 活動資金は米国国家科学財団 (NSF：National Science Foundation) が提供している. 同校地理学科のグッドチャイルド (Goodchild) がディレクターを務めている. 彼は地理情報科学を学問として理論的に体系化した人物として知られる. 前掲 38).

45) URL：http://www.csiss.org/を参照．
46) 前掲 1)．
47) 日本における地理情報科学の動向については，2001 年に発行された *GeoJournal* の第 52 巻第 3 号が参考になる．The Contribution of GIS to Geographical Research のタイトルで特集号が組まれ，12 編の論文が収められている．また，日本地理学会では地理学評論に GIS 特集号（2003 年 9 月号と 10 月号）を組み，8 編の展望論文，理論研究，実証研究を掲載している．
48) GIS 研究に対する日本地理学会の取り組みは早く，1984 年には隣接諸学会に先駆けて「地理的情報の収集と処理」に関する研究グループ（代表者：久保幸夫）を立ち上げ，国際地理学連合の GIS コミッションと連携して貴重な研究情報や先端的な研究成果を内外に発信してきた．1990 年以降は，「地理情報システム」研究グループと名を改め，高阪宏行が代表者となり，GIS 教育や啓蒙活動にも力を注いだ．2000 年からは「地理情報科学」研究グループ（代表者：村山祐司）が活動を引き継ぎ，現在に至っている．
49) URL：http://www.cas.go.jp/jp/seisaku/gis/link.html を参照．
50) URL：http://www.e-gis-forum.jp/forum/を参照．
51) 前掲 50)．
52) Brewer, C. A. and Suchan, T. A. (2001)：*Mapping Census* 2000：*The Geography of U. S. Diversity*，Esri Press．
53) 村山祐司（1997）：空間データ基盤整備と GIS．地理，**42**(12)：32-38．
54) 詳細は，国土地理院地理情報クリアリングハウス（http://zgate.gsi.go.jp/ch/jmp20/jmp20.html）を参照．
55) URL：http://www.opengis.org/を参照．
56) 国土地理協会（1999）：都市計画 GIS カタログ，表現研究所．
57) 国土地理院（2002）：世界測地系移行の概要，国土地理院．
58) URL：http://clearinghouse1.fgdc.gov/を参照．
59) URL：http://zgate.gsi.go.jp/を参照．
60) URL：http://chouse.csis.u-tokyo.ac.jp/gcat/editQuery.do を参照．
61) GIS サイバー見本市クリアリングハウス（http://chouse.nsdipa.jp/gcat/editQuery.do）を参照．
62) URL：http://www.geographynetwork.ne.jp/を参照．
63) ネットワークを通じてインタラクティブに地図の作成や地域分析が行えるシステム．
64) 森 洋久（2004）：パラレルワールド GIS で時代を往来する．地理，**49**(3)：90-98．地理情報システム学会では自律分散アーキテクチャの SIG（Special Interest Group）を設置し，GLOBAL-BASE プロジェクトの推進を図っている．GLOBALBASE は，①座標系を固定しないこと，②イラストマップでも実装可能であること，③地図空間をポータルとして情報共有できることにより専門知識がない一般市民でも扱えること，を特長としている．
65) 前掲 34)．
66) 米国では，USGS（米国地質調査所）が中心となり，範囲を国内に限定した詳細な地図情報を大スケールでデジタル化するプロジェクト（The National Map）も進めている．衛星画像，DEM，行政界，地名，土地利用，地域統計データなどを電子地図に載せ，広く流通させようとする試みである．
67) 空間データは，鉄道や上下水道と同じように一般市民の生活向上に必要な公共財である．国土政策や地域計画に欠かせない基礎データであり，絶えず取得・更新していくべきものである．空間データを新しい社会基盤として位置付け，その拡充と円滑な流通を図ること，それが「空間データ基盤整備」事業である．その効果は行政・産業・生活のあらゆる領域に波及するであろう．
68) （財）日本建設情報総合センター（1996）：GIS 研究会解説．
69) 今井 修（1996）：国土空間データ基盤の背景とその動向．国土空間データ基盤推進協議会技術レポート創刊号．
70) URL：http://www.mlit.go.jp/kokudokeikaku/gis/mt/20040412.html を参照．
71) 国土数値情報（地形，土地利用，公共施設，道路，鉄道など国土に関する地理的情報を数値化）を

無償で提供．
72) 街区単位の位置座標（街区代表点の緯度・経度，平面直角座標の座標値）を整備したデータを無償で提供．
73) 国土数値情報と国土画像情報（カラー空中写真）をブラウザで簡単に閲覧することができるシステム．
74) URL：http://gisplaza.stat.go.jp/GISPlaza/を参照．
75) URL：http://www.lasdec.nippon-net.ne.jp/rdd/gis-p/を参照．
76) この節は次の拙稿に基づく．村山祐司（2003）：「GIS」特集号の刊行にあたって．地理学評論，**76**：685-686．

GIS の構成と構造

　この章では GIS の仕組みと操作手順を概説する．GIS は，ハードウェア，ソフトウェア，データ，の三つから構成される．ハードウェアとは機械のことで，コンピュータ本体のほかスキャナーやプリンターがこれにあたる．ソフトウェアとはハードウェアに命令を出してハードウェアを動かすプログラムのことで，OS（オペレーティングシステム：基本ソフト）とアプリケーション（応用ソフト．地理情報処理を行うアプリケーションのことをとくに GIS エンジンなどと呼ぶこともある）に大別される．データとは，電子地図や電子地理情報（統計情報など）のことである．以下では，ハードウェア，ソフトウェア，データの順で GIS の構成要素を紹介していこう．

2.1　GIS のハードウェア

　GIS のハードウェアを構成する主なものは，コンピュータ，記憶装置，出力装置，入力装置の四つである．地理情報（データ）は入力装置を介して GIS へ取り込まれ，記憶装置に記憶される．記憶された地理情報は，コンピュータによって処理された後，出力装置を介して分布図などとなる．ここでは，四つのハードウェアを順に紹介していこう．

2.1.1　コンピュータ

　GIS を構成するハードウェアの中で中心的役割を果たすものはコンピュータである．GIS を構成できるコンピュータには，パソコン（パーソナルコンピュータ）のほか，ワークステーションやメインフレームなどさまざまな種類のものがある．パソコンだけに注目してみても，デスクトップパソコン（形状によって

横型とタワー型の二つに分類する場合もある）とノートパソコンの二つの種類がある．最近では，デスクトップパソコンでGISを構成する例が多くみられるようになっているので，以下ではデスクトップパソコンのハードウェア構成についてみてみよう．

パソコンの内部をみてみると，いくつかの部品から構成されていることがわかる．コンピュータの主要な部品は，マザーボード，CPU，メインメモリ，の三つである．

a. マザーボード

マザーボードとは，コンピュータ内の各部品を取り付けるための基盤となるものである．マザーボードは，各部品を取り付けるだけでなく，これらの部品を管理する役割も果たしている．この管理をする部分がマザーボード上の半導体である．本来は，各部品について別々に管理する半導体がある方が良い．しかしそれでは半導体の数が多くなってしまうので，これら管理用半導体をいくつかにまとめたチップセットとしている．最近のパソコン用マザーボードでは，チップセットが二つついていることが多いようで，それぞれノースブリッジ，サウスブリッジと呼ばれている．ノースブリッジは，後述するCPUやメインメモリとの間のデータ受け渡しを管理し，サウスブリッジは，ハードディスクやCD-ROMドライブとの間のデータ受け渡しを管理する．コンピュータ部品がどんなに高性能でも，このマザーボードの性能が良くなければ，部品の性能を十分に発揮できない．

b. CPU

CPUは中央演算処理装置のことで，いわばコンピュータの心臓部である．コンピュータ内の電子処理はすべてプログラムと呼ばれる命令（の集まり）によって行われる．CPUはそのプログラムを解釈して，コンピュータ各部へ適切な指示を下す．したがって，CPUの性能がコンピュータ全体の性能に大きく反映する．一般に，CPUの性能は，周波数と呼ばれる値で判断される．この周波数とは，簡単にいえば，CPUが一定時間内にどのくらいの量の処理をこなせるかを表した値で，MHz（メガヘルツ）やGHz（ギガヘルツ）を単位として表記される．周波数の値が大きいCPUほど性能が良く，最近では，1 GHzを超える周波数のCPUが登場しつつある．ただし，コンピュータ部品の技術革新はめまぐるしいほど速いので，周波数が10 GHz，100 GHzの製品が登場するまで時間はか

からないかもしれない．

c. メインメモリ

　メインメモリはコンピュータ内の一時記憶装置のことで，RAM（ランダムアクセスメモリ，あるいは単にメモリ）と呼ばれることも多い．コンピュータが処理をする際，フロッピーディスクやハードディスクに保存してあるデータは，いったんメモリに読み出される．フロッピーディスクやハードディスクとデータを受け渡しをする速さは，CPU が処理できる速さよりも遅い．そこで，データ受け渡しの速いメモリを間において処理の効率を上げているのである．したがって，電子情報処理の速さには，CPU の性能ばかりでなく，メモリへのデータ受け渡しの速さ（アクセス速度などと呼ばれる）やメモリがデータを格納できる容量が影響する．読者が RAM を購入する場合には，アクセス速度が速く，容量の大きいものを選択すれば良い．読者が利用している（または利用する予定の）GIS ソフトウェアの方で，具体的な RAM の容量値を推奨していることが多いので，これを参考にすると良いだろう．ただし，各コンピュータによって対応している RAM の種類にも制限があるので，購入する際にはコンピュータのマニュアルで対応種を確認しておく必要がある．

　最近のコンピュータは，SDRAM（シンクロナスダイナミック RAM）と呼ばれる新しいタイプのメモリに対応している．SDRAM は，CPU とデータを受け渡しするタイミングを同期させるタイプのメモリで，その同期する周波数が上限 133 MHz の PC 133 と，上限 100 MHz の PC 100 がある．その他にも，やや高価ではあるものの，周波数が 266 MHz の DDRSDRAM や，周波数が 800 MHz の RDRAM がある．ただし，CPU の場合と同様に，メモリも次から次へと新技術と新製品が登場してしまう．できるだけアクセス速度が速く容量が大きい製品を求めるのが良いだろう．

2.1.2 記憶装置

　コンピュータは電子情報を処理するハードウェアである．GIS にとって情報処理の次に大切なものは電子情報を記録しておくハードウェア，すなわち記憶装置である．記憶装置には，ハードディスク，フロッピーディスク，CD-ROM，DVD-ROM などがある．こうした記憶装置はコンピュータ本体の内部に取り付けられていることも多い．しかし，これらの装置はもともとコンピュータ本体と

は別の情報を記憶するための装置である．

a. ハードディスク

記憶装置として最もよく使われているものがハードディスク（HD）である．HDの性能は，記憶容量とアクセス速度で判断できる．記憶容量はGB（ギガバイト）という単位で表記され，現在は30～60 GBのものが主流である．ただし，HDの場合もすぐに新しい製品が市場に出てくるので，近い将来，1 TB（テラバイト）すなわち1,000 GB級の容量を持つものが汎用製品として登場するかもしれない．GISのデータは概して大容量であるから，価格とのバランスでできるだけ容量の大きいHDを用意する方が良い．アクセス速度は，rpmという単位で表される回転数やms（ミリ秒）という単位で表されるシークタイムなどが相互に関係して決まる．回転数値が大きくシークタイム値が小さいほどアクセス速度が速いということになる．

b. フロッピーディスク

パソコンが登場した初期の頃の主流記憶装置はフロッピーディスク（FD）であった．FDは，その記憶容量が720 KB（キロバイト）～1.44 MB（メガバイト）とHDに比べてきわめて小さい（1 GBは1,000 MB，1 MBは1,000 KBである）．したがって，最近ではあまり利用されなくなってきた．

c. CD-ROM

最近では，ほとんどのソフトウェアがCD-ROMで配布・販売されているので，CD-ROMを読む装置（CD-ROMドライブ）は必需品である．CD-ROMの記憶容量は600～800 MBで，FDに比べて極めて大きな収容力を持つ．最近では，個人でもCD-R焼き付け用ドライブを購入すれば，簡単にCD-ROMを作成することができるようになった．しかし，CD-ROMはいったん情報を記録してしまうと再び記録することができない（したがって，記録された情報を読むことのみ可能）ので，ファイルを一時的に保管したり，持ち運びしたりする用途には向いていない．そこで最近では，記録した情報を削除したり，新たな情報を追加記録できる（読み書き可能な）CD-RWが登場している．

d. DVD-ROM

現在では，CD-ROMよりもさらに大容量の情報を記録することが可能なDVD-ROMが増えている．その記憶容量は4.7～9.4 GBで，CD-ROMの数倍，高画質の映画を丸々一本記録できるほどの容量である．読み書き可能なタイプも

いくつか登場しつつある．地理情報は一般に大容量であるので，近い将来，DVD の利用が拡大するかもしれない．

e. その他の記憶装置

その他の記憶装置には，MO や ZIP などいくつかの種類がある．これらの装置を利用するには，いずれも専用ディスクとそのディスクとの間でデータ読み書きを行う装置（ドライブ）を用意すれば良い．

上にあげた記憶装置をコンピュータ本体とつなぐには，ケーブルと接続部が必要である．こうした接続のための部品をインタフェースと呼ぶ．インタフェースには，SCSI（スカジーと読む）や IDE があり，それぞれいくつかの種類がある．SCSI インタフェースの主なものは，SCSI 2 と SCSI 3 である．一方の IDE インタフェースには，記憶装置機器（IDE で接続する記憶装置機器を「ATAPI 方式」と呼ぶことがある）とのデータ受け渡し速度によって，高速なものから ATA/133，ATA/100，ATA/66，ATA/33 がある．読者が記憶装置を購入する際には，読者が利用しているコンピュータが対応するインタフェースの種類を確認しておく必要がある．

以上，記憶装置を紹介した．GIS で扱われるデータは一般に大容量であるので，GIS の利用に記憶装置は欠かせない．さらに装置の選択も十分に吟味すべきである．

2.1.3 出力装置

私たちが，記憶装置に記憶された情報やコンピュータで分析処理された情報をみるためには，情報を見える形にする操作が必要である．こうした操作を情報の出力という．出力を請け負うのはコンピュータ本体と出力装置であり，主な出力装置にはディスプレイと印刷装置がある．

a. ディスプレイ

最近は液晶ディスプレイが主流となっている．液晶ディスプレイが従来型（ブラウン管を持つ）よりも増加している理由はいくつかあり，例えば，省エネルギーであるとか省スペースであるといったことがいわれている．GIS を利用する視点から注意すべきことは，ディスプレイが情報を表示できる大きさに配慮することである．一般に情報表示の大きさは，解像度で判断できる．例えば，XGA と呼ばれる大きさの解像度では，ディスプレイ画面が横 1,024×縦 768 のマスに

分けられて，各マス（これを画素という）にそれぞれ一つの情報（すなわち色）が表示されている．これが SVGA と呼ばれる解像度になると，横 800×縦 600 になる．同じ画像を XGA と SVGA の異なる二つの解像度のディスプレイに表示させてみれば，XGA の方が画素数が多いのできめ細かい表示がなされることがわかる．

　ディスプレイに関して注意すべきことがもう一つある．画像情報をディスプレイに出力する際，コンピュータとディスプレイの間で仲立ちをする機器が必要になる．これはビデオカードといわれる機器で，通常，コンピュータ内に装着する．きめの細かい解像度の画像を出力するためには，それに対応できるビデオカードを装着する必要がある．ビデオカードには対応する解像度の説明がついているのでこれを確認すれば良い．

　GIS を利用するメリットの一つは，地理的な情報を具体的にわかりやすい形で地図に表示してくれることにある．その表示を実現してくれるのがディスプレイとビデオカードである．最近，GIS を用いて 3 次元画像を表示する事例も増えている．こうした場合，ビデオカードが高度な画像処理に対応していると表示がスムーズである．今後，3 次元画像ばかりでなく動画画像の利用が普及することも予想され，システムが高度な出力性能を有するか否かがますます問われるようになるだろう．

b.　印刷装置

　もう一つの出力装置は印刷装置である．その主なものはプリンターである．プリンターにはインクを吹き付けるタイプのインクジェットプリンターや，レーザーを利用してトナーを熱で定着させるレーザープリンターがある．ともにカラー印刷が可能なものとそうでないものがある．いずれにせよ，プリンターに関して注意したいのは，印刷性能と印刷速度である．

　プリンターの印刷性能は，ディスプレイの画素とほぼ同じ考え方で判断できる．個々のプリンターには dpi 値というのがあり，これは 1 インチあたりの印刷画素の数である．例えば 1,000 dpi であれば，1 インチあたりに 1,000 のマスがある細かさで印刷される．したがって，dpi 値が大きければ大きいほど印刷性能は良い．

　もう一方の印刷速度は，単位時間あたり印刷できる量で判断できる．プリンターには，A4 で 1 分間に 10 枚といった具合に印刷速度を示しているものが多い

（1分間あたりの印刷枚数を ppm という単位で表していることが多い）．この ppm 値が大きいほど印刷速度は速い．

プリンターとは別に，プロッターと呼ばれる印刷装置もある．プロッターは比較的大きなサイズ（例えば A0 や A1 サイズ）の印刷に利用される．しかし，その性能を判断する基本的な材料はプリンターの場合と変わらない．GIS を利用して作成される図はしばしば大きなサイズになるので，可能ならば大サイズのカラー出力が可能な印刷装置を1台用意したいところである．

2.1.4 入力装置

コンピュータの情報を見える形にすることを情報の出力ということはすでに述べた．一方でこの逆の操作もあり，これを情報の入力という．すなわち，紙に描かれた図や写真，さらには文字といった見える形になっているものをコンピュータの情報にすることである．入力を請け負う入力装置には，キーボードやマウスの他，スキャナーやデジタイザーがある．

キーボードは主に文字を入力する装置，マウスは画面上でコンピュータへ与える命令を選択する装置である．スキャナーやデジタイザーは，ともに図や写真などの画像を入力する装置である．スキャナーは画像をラスターデータと呼ばれるデータ形式で記録する一方で，デジタイザーはベクターデータと呼ばれるデータ形式で記録する（二つのデータ形式については 2.3 節で後述する）．二つの画像入力装置のうち普及しているのはスキャナーだろう．スキャナーの性能を判断するにはスキャナーの dpi 値をみれば良い．これは出力装置のところで紹介したものと同じもので，dpi 値が大きければ画像をきめ細かく記憶することができる．

2.2 GIS のソフトウェア

はじめに述べたように，ソフトウェアには基本ソフトと応用ソフトがある．一般に応用ソフトは，基本ソフトである OS に基本的な処理を任せ，それをベースとしてさまざまな情報処理ができるように作られている．GIS のソフトウェアも地理情報を処理するための地理情報処理専門の応用ソフトである．GIS を利用するためには，地理情報処理のための応用ソフトに加えて，そのベースとなる基本ソフトが必要である．ここでは，OS について簡単に紹介した後，応用ソフ

トとしての GIS アプリケーションについて紹介していこう．

2.2.1 OS

OS にはさまざまなものがある．パソコンの基本ソフトとして普及しているのは，Windows と MacOS だろう（最近は，Linux と呼ばれる OS も普及しつつある）．いずれの OS にせよ，OS の役割は，電子情報を処理する上での基本操作を実現することである．例えば，ファイルのコピーとか，文書情報の印刷などという処理は，どんな応用的な情報処理にも共通する基本的な操作である．こうした基本的な操作をまとめて一つの基本ソフトとしたものが OS である．基本操作をすべて OS に任せているので，応用ソフトを利用するためには OS が欠かせない．

では，GIS を利用するためには，どの OS でも良いのかといえば残念ながらそうではない．OS はその種類によって仕組みが違う．各応用ソフトは OS の仕組みに合わせて作る必要があり，したがって，一般の応用ソフトにはどの OS に対応したものかが明記されている．最近の GIS のアプリケーションは，（パソコンで利用できるものに限定すれば）Windows 対応のものが多い．利用者が OS を選択するときは，Windows を優先することになるだろう．

2.2.2 アプリケーション

GIS の中核的役割を果たすのが地理情報処理のためのアプリケーション（応用ソフト）である．本来，GIS という言葉は，本章で紹介してきた多くのものから構成されたシステムを指す．しかし，GIS の中でアプリケーションが果たす役割があまりにも大きいので，GIS＝地理情報処理アプリケーションであるかのように用いられることも少なくない．

GIS のアプリケーションには，いくつかの製品がある（個別の製品について知りたい読者は，地理情報システム学会のウェブサイト（http://www.soc.nii.ac.jp/gisa2/）をご覧いただきたい）．多くの製品は，企業が最先端の技術を駆使して開発したものである．それだけに高価な製品が少なくない．しかし，低価格のアプリケーションも提供されている．そうした低価格アプリケーションには，企業が開発したものばかりでなく，個人が開発したものもある．その一例として，ここでは，『地理情報分析支援システム MANDARA』を紹介しよう．

MANDARA は，埼玉大学の谷謙二が開発した Windows 対応のアプリケーションである（詳細はウェブサイト (http://www.mandara-gis.net/) を参照されたい）．インターネットを介してダウンロードでき，無料版も提供されている．

ダウンロードすると MANDARA のインストーラが得られるので，これをダブルクリックすればインストールが自動的に進む．MANDARA がインストールされたフォルダには，Mandara.exe という名前のファイルがある．これをダブルクリックすれば MANDARA が起動する．あとはいくつかの手順を踏めば（MANDARA を利用した具体的な地理情報処理の手順については 2.4 節に後述する），図 2.1 に示すような主題図を作ることができる．

MANDARA 以外の GIS のアプリケーションも，MANDARA と同じように主題図を作ることができる．このような図化機能は，もちろん GIS そのものが持つ魅力の一つである．しかし，GIS を有効な道具たらしめているのは図化機能だけではない．GIS を利用することによって，例えば，ある施設の勢力圏を求めたり，ある地域の人口密度を求める，といった地理的な分析ができる．この地理的な分析を行う機能こそが GIS の真の魅力であろう．

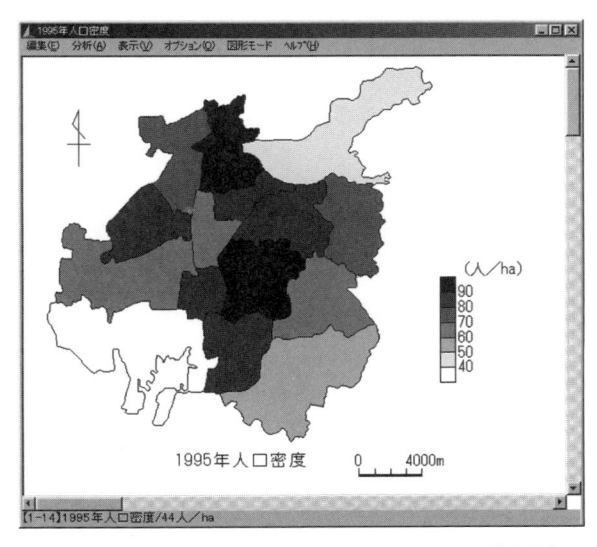

図 2.1 MANDARA の主題図描画例—名古屋市の人口密度分布—

2.3 GISのデータ

GISのデータには，大きく分けて地図データと属性データがある．わが国の基盤となる地図データは国土地理院が発行しており，数値地図と呼ばれている．属性データにはさまざまなものがあり，国勢調査をはじめとする統計情報は属性データである．地図データと属性データはそれぞれ独立してはいるものの，GISを利用する際にはどちらも必須のデータである．これは地理行列を作るときとまったく同じである．地図データと属性データの関係は，地理行列の行と列の関係と同じなのである．地理行列の行項目が地図データの各図形にあたり，列項目は一つ一つが属性データにあたっている．GISの図化機能は，地理行列から図を作ることであると考えれば理解しやすいだろう．

2.3.1 地図データ

地図データは，地図に描かれた図形のデータである．図形をコンピュータが扱えるような形に表現する主な方法は二つある．一つはラスター型と呼ばれる表現方法，もう一つはベクター型と呼ばれる表現方法である．

a. ラスターデータ

いま，図2.2(a)のような図形を考えよう．この図形をラスターデータとする手順は次のとおりである．まず，この図形をすべて覆うように格子をかける．次に，格子で仕切られた一つ一つのマスについて，あるマスの中に図形の境界線があれば，そのマスを塗りつぶす．すると，図2.2(b)のようになる．最後に，各マスに番号を付して，それぞれ塗りつぶされているか否か（塗られていれば1，そうでなければ0と書く），図2.2(c)のように記録する．このように格子状のマスを使って図形を表現したものがラスターデータである．

リモートセンシングデータ，すなわち，人工衛星や航空機から地上を撮影・観測した画像をコンピュータで扱えるようにしたデータは，ラスターデータである．こうしたデータを処理するアプリケーションは，一般にGISとは区別されている．しかし実際には，リモートセンシングデータの処理はGISと統合的に行われることが多い．

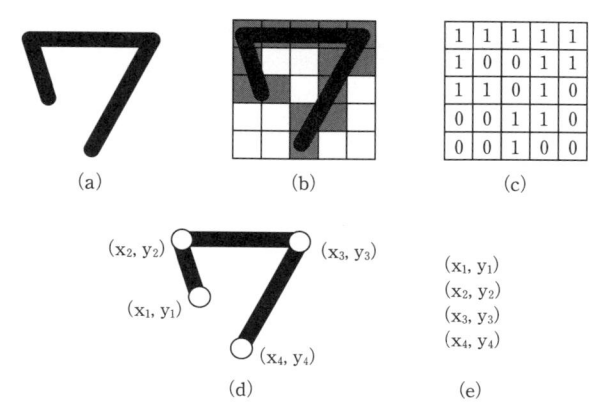

図 2.2 ラスターデータとベクターデータ

b. ベクターデータ

一般の GIS で処理できるのは，ラスターデータではなくベクターデータである．

図 2.2(a) をベクターデータとして記録してみよう．まず，図 2.2(d) のように図形を線分で描く．次に一つ一つの線分の端点座標を列記する．最後に，線分がつながっている順に端点座標を並べ，図 2.2(e) のように記録する．このように図形を構成する点の座標列で図形を表現したものがベクターデータである．

座標値は，座標系をどう定義するかによって異なる．地図データを表す場合には，緯度と経度を座標とする緯度経度座標系の他，直交座標系と呼ばれるものがある．また，地図を作成する際に採用した地図投影法によっても，座標値が異なる．地図データを使ってある地域の面積を計測したり，ある二点間の距離を測ったりする際には，地図データの投影法と座標系に注意しなければならない．

2.3.2 属性データ

属性データとは，地図の各図形が持っている特徴のデータのことで，地理行列の列項目にあたる．例えば，都道府県ごとの人口密度を表した地理行列があったとしよう．これを GIS で図化するとき，行項目にあたる地図データと列項目にあたる属性データを用意する必要がある．この例の場合は各都道府県の地図データと人口密度データを用意すれば良い．

ここまでGISを構成するハードウェア，ソフトウェア，データについて紹介してきた．では，これらを操作するにはどのような手順を踏めば良いだろうか．以下では，GISを操作する手順の概要を紹介しよう．

2.4 GISの操作手順

ここでは，先に紹介したMANDARAを利用して主題図を作成する例をもとに，GISを操作する手順を紹介していこう．

2.4.1 地図データの入手と作成

すでに紹介したようにGISを利用するには，地図データと属性データを用意しなければならない．ここではまず地図データの準備，とくにベクター型の地図データの準備について紹介しよう．

私たちが比較的安価に入手できるベクター型の地図データには，数値地図がある（日本地図センターを通じて入手できる．ウェブサイトは，http://www.jmc.or.jp/）．こうしたデータで分析や図化ができる場合には，積極的に利用し，必要な地図データを適切に選択し収集すれば良い．これがGISを利用する第1段階である．

一方，分析や図化を行いたい地域について，ベクター型の地図データが提供されていないことも少なくない（とくに，考古学や歴史地理学で使われる古地図は，紙の状態でしか存在しないことが普通で，ベクター型の地図データになっていることはほとんどない）．そうした場合には，紙の地図やリモートセンシングデータなどをもとにして，ベクター型の地図データを作成することになる．

リモートセンシングデータのように，すでにラスターデータになっているものがあれば，これをベクターデータに変換する作業を行えば良い．この変換操作をベクタライズと呼んでいる．

紙の地図からベクター型の地図データを作成するには，二つの方法がある．一つは，紙の地図をスキャナーでコンピュータに入力しラスターデータを作成する方法である．一度ラスターデータを作成できれば，ベクタライズによってベクターデータとすることができる．もう一つの方法は，デジタイザーを用いて，紙の地図に描かれた一本一本の線の端点座標を読み込み，コンピュータに入力するも

のである．この方法を使えば，紙の地図から直に（ラスターデータ作成操作とベクタライズ操作を経ずに）ベクターデータを作成することができる．

ここでは，紙の地図からスキャナー経由でベクターデータを作成する例を紹介しよう．まず，図2.3のような紙の地図があったとする．これは紙に描いた名古屋市の地図で，一つ一つの領域は区，各区の領域内に描かれている点は領域代表点（ここではおおよそ領域の重心と思われる地点とした）である．左下の横線はスケールで，この長さが10 kmにあたる．この紙の地図をスキャナーでコンピュータへ入力すると，ラスターデータが得られる．図2.3の右に得られたラスターデータの一部（名古屋市東部縁辺の一部）を拡大表示した．これをみると画像が格子状のマスで分割されている様子がよくわかる．

このように，紙の地図をスキャナーで入力すれば，どんな地図であってもラスターデータとすることができる．また，スキャナー入力せずとも，描画用のアプリケーションを使って直にラスターデータを作ってしまっても良い．そうしたアプリケーションには，Windowsに付属しているペイントツールや，Adobe社のPhotoshopなどがある．いずれの場合も，一つ注意すべき点があり，ラスターデータを作成するもとの地図の投影法と座標系を確認しておくことである．実際

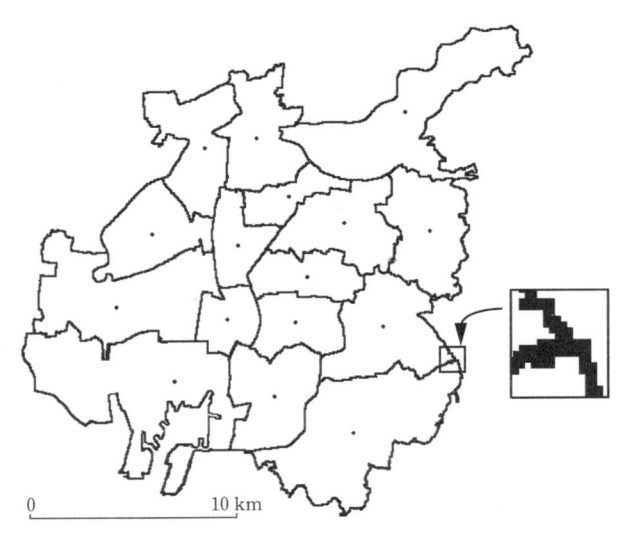

図 2.3 紙に描いた名古屋市の地図とそのラスターデータの一部

には，投影法や座標系がそもそも定義されていない地図も多い（例えば古地図など）．そうした場合，地図データの利用は，紙地図に描かれているもの（これを地物と呼ぶこともある）の位置関係（例えば，○○村の集落の東に△△川が流れている，といったこと．この場合，集落から川までの距離や集落や流域の面積といった数値は問題ではない）を把握するための利用にとどめるべきである．データ上で計測される距離や面積の値はほとんど信頼できないものであるから，計測を伴う分析を目的として利用することはできない．

　さて，次に図 2.3 の地図から作られたラスターデータをベクターデータに変換（ベクタライズ）する．ここでは MANDARA を用いてその操作を行う．まず，MANDARA を起動した後，「地図データ作成・編集」ウィンドウを選ぶ．このウィンドウで「白地図画像から地図データ作成（白地図処理）」をチェックし「OK」ボタンを押す．すると「白地図処理」という画面が現れる．この画面がベクタライズのための画面である．先程作成したラスターデータ（すなわち白地図）をこの画面に表示するために，メニュー項目の「ファイル」から「画像ファイルの読み込み（O）」を選び，作成したラスターデータのファイルを選択して開く．ファイルを開くと，ベクタライズを行うか否かを確認する画面が表示されるので，「はい」ボタンを押し，ベクタライズを行う．ベクタライズ操作の最中，画面にいくつかの処理がなされていることが表示され，ベクタライズが成功すると図 2.4 が表示される．図 2.3 と図 2.4 を見比べてみれば，ベクタライズによって線が細くなっていること，代表点が小さな丸で表示されていることに気がつく．図 2.4 で，「点オブジェクト：16，ライン数：60，ポイント数：1790」とあるのは，それぞれ，区の領域数が 16，この地図データを構成する線分群（いくつかの連続する線分をひとまとまりとしたもの）の数が 60，線分の端点となる点座標の数が 1,790 だけあることを意味している．こうして，ベクターデータの作成が完了した．

　ベクターデータの作成が完了すると，地図データの作成作業はほぼ終わりである．ただし，いくつかの処理をしておく必要がある．MANDARA では，図 2.4 の画面で「OK」ボタンを押すと，マップエディタと呼ばれる地図データ編集機能画面へ移ることができる．このマップエディタ画面で，スケールの設定をしておこう．メニュー項目の「設定」から「スケール設定（S）」を選ぶと，「画面上で 2 地点を指定した後，その実際の距離を入力して下さい．」と指示が出るので，

2.4 GIS の操作手順

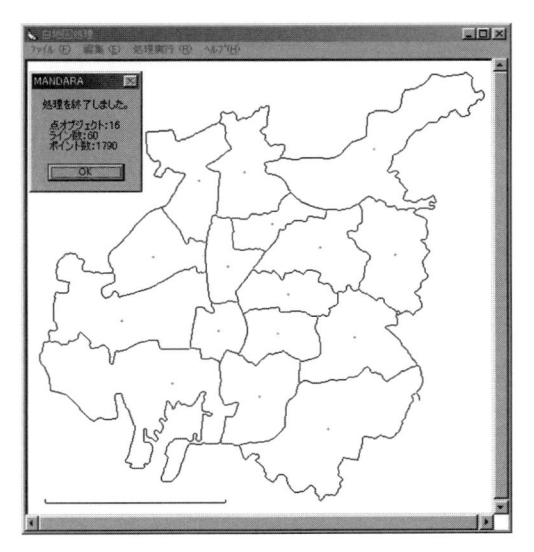

図 2.4 ベクターデータの名古屋市地図

「OK」ボタンを押して指示に従う．名古屋市の地図の場合，10 km にあたる横線を描いておいたので，この両端点を指定すれば良い．二つの地点を指示すると（一方の点でマウスをクリックし，他方の点までドラッグして離すと），スケールが赤線で表示されて図 2.5 の画面が現れるので，ここに実際の距離を入力して「OK」ボタンを押す（この後，もう一度確認を求められる）．同様にして，必要ならば，方位の設定や線種の設定も行っておく．

スケール設定が完了したら，図の下部に描かれたスケール線は不要である．そこでこの線を削除する．マップエディタ画面中，「ライン編集」をチェックして，スケール線をクリックする．すると，ラインに関するウィンドウが現れるので，「削除」ボタンを押す．削除操作の確認を了承すると，実際にスケール線が削除される．

最後に，代表点と区領域との対応付けをしておく．図 2.4 の地図データでは，各代表点がどの区領域に対応しているのかわからないままになっている．この対応付けをマップエディタで行う．画面中「オブジェクト編集」をチェックして，「複数選択」ボタンを押す．すると，図 2.6 のウィンドウが現れるので，「全て選択」ボタンを押した上で「境界線自動設定」ボタンを押す．この操作の確認を了

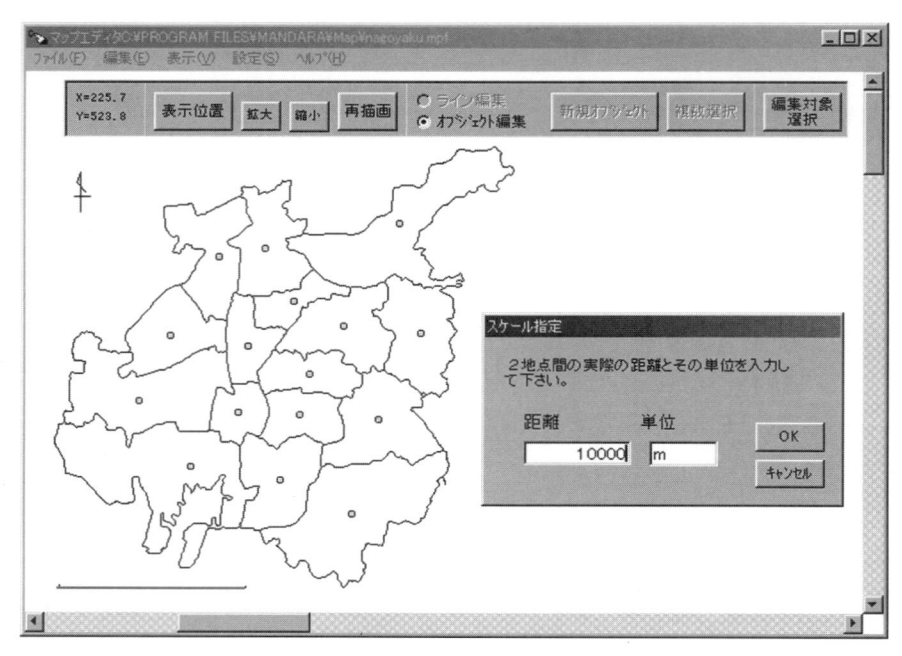

図 2.5 マップエディタでスケール設定している様子

図 2.6 代表点と領域との対応付けを行うためのウィンドウ

承すると，対応付けを MANDARA が自動的に行ってくれる．実際に対応付けがうまく行われているかを確認したければ，マップエディタ画面で一つ一つの代表点をクリックしてみれば良い．うまく行われていれば，それぞれ領域を囲う境

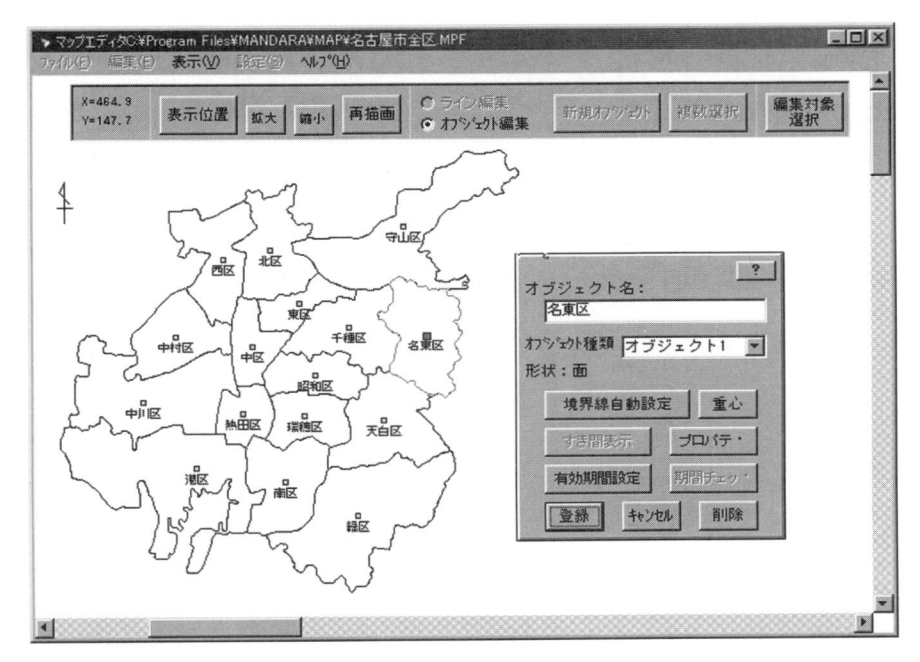

図 2.7 区名称を入力・表示した様子

界線が赤で表示されるはずである．

対応付けが完了したら，代表点に区名称を入力しておこう．マップエディタのメニュー項目「表示」から「オブジェクト名表示」を選択すると，各代表点に名前が表示される．ここに区名称を表示させるには，一つ一つの代表点をクリックして「オブジェクト名」の欄に名称を入力して「登録」ボタンを押せば良い．図2.7は，すべての区名称を入力したところである．

以上で，地図データの作成は完了した．次に属性データの入手と作成の手順を紹介しよう．

2.4.2 属性データの入手と作成

すでに述べたように，属性データは地理行列における列項目にあたる情報である．こうした属性データには，国勢調査などの統計情報を含めて多くのものがある．属性データを揃えるには，まず，こうした情報を収集する．統計情報に限っ

ていえば，最近のものは電子ファイルになって配布もしくは販売されていることが多いので，これを入手すれば良い．電子ファイルになっていない情報，すなわち紙の情報については，それを手に入れた後，電子ファイルにする手間が要る．

属性データにしたい情報には，研究者自らが調査した（足で稼いだきめの細かい）ものもあるだろう．一般の調査では，調査地で得た情報を紙に書き留めておき，調査の後にこれを転記したり集計することが多い．この手順で属性データを作成すると，どうしても転記や集計計算のミスをおかしてしまう．そこで，このような場合，調査を計画する段階から GIS 利用を考えておくと良い．例えば，調査の前に地理行列ファイルを表計算ソフトウェアで作成しておき，調査地では直に地理行列ファイルへ情報を入力する．こうすると，調査が終わった時点で自動的に属性データが完成していることになる．最近では，携帯型のノートパソコンの他，PDA と呼ばれる手のひらサイズのコンピュータが急速に普及している．また，野外でも利用可能な GIS すなわちモバイル GIS の開発も進んでいるので，こうした携帯用機器を積極的に利用すると良いだろう．

こうして属性データを入手した後，GIS で分析や図化を行うためには，前処理が必要な場合がある．こうした前処理には，電子ファイルの形式を変換したり，ファイルのうち分析に必要な部分だけを抜き出すなどといったことがある．また，一連の手順を踏んでデータを完成させると，今度はこれを管理する処理が必要になる．

以上のように，属性データを利用するためには，入力，前処理，管理，の手順が必要である．こうした手順を容易にしてくれるのがデータベース管理専用のアプリケーションである．一般の GIS では，データベース管理アプリケーションも含まれているので，先に指摘したような転記や集計のミスを避けるためにも，こうしたアプリケーションを利用すると良いだろう．

MANDARA にも属性データを入力・編集する機能がある．すでにマップエディタで名古屋市の地図データを作成した（図 2.7）．この地図データを利用することを前提にして，MANDARA で属性データを作成してみよう．図 2.7 の状態でマップエディタを終了すると，MANDARA の本ウィンドウに戻る．そこでメニュー項目で「ファイル」を選ぶと，「属性データ編集 (D)」から「属性データ新規作成 (N)」で新規属性データ作成ウィンドウを開くことができる．ここでどの地図データについて属性データを作成するのか選択するウィンドウが

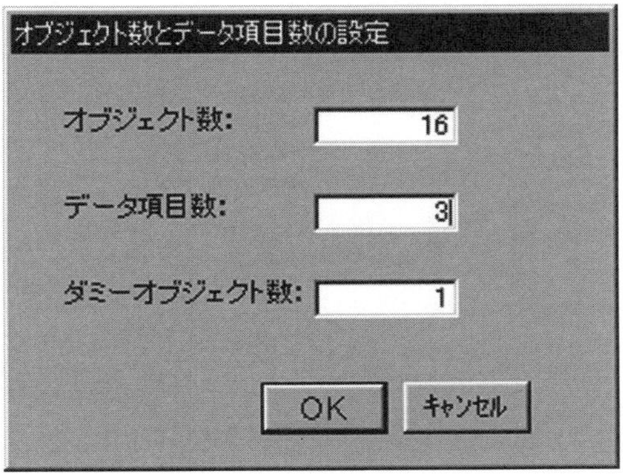

2.4 GIS の操作手順

図 2.8 オブジェクト数とデータ項目数の入力ウィンドウ

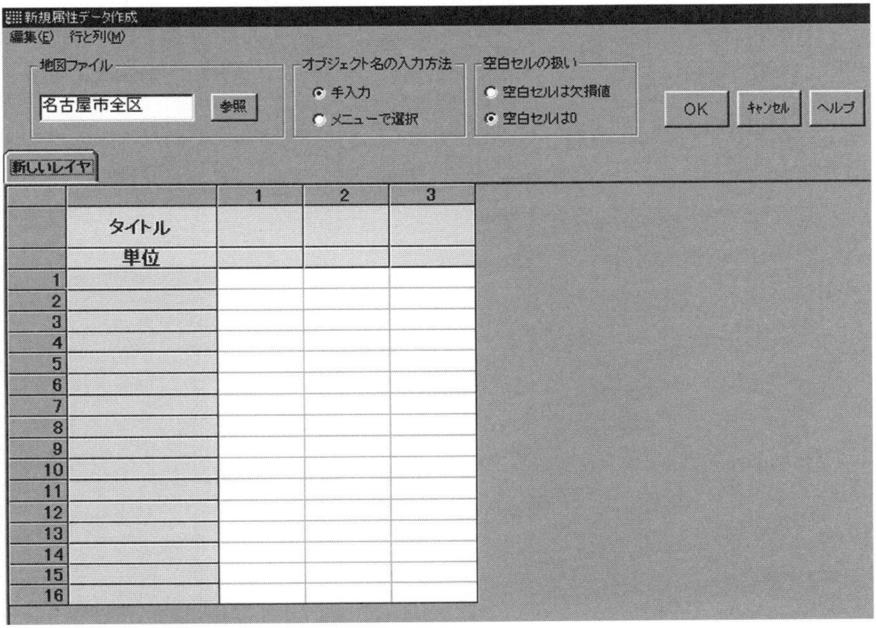

図 2.9 属性データ作成ウィンドウ

自動的に開くので，地図データを指定すると，作成する属性データのオブジェクト数とデータ項目数を入力するウィンドウが現れる（図2.8）．名古屋市の地図データの場合，オブジェクト数は区の数で16である（ダミーオブジェクト数については1のままで話を先に進めよう）．データ項目数は，これから作成する属性データのデータ項目数である．今，各区の面積，人口，人口密度の3項目を入力することにしよう．したがってデータ項目数は3である．入力が終わると，図2.9のようなデータ作成ウィンドウが現れる．

このウィンドウで属性データを入力していこう．まず，オブジェクト名すなわち区の名称を入力する．「オブジェクト名の入力方法」で「メニューで選択」にチェックを入れ，表の一番左の列に区名称を入力していく．列の各セルで区名称を選択できるようになっているのでその中から一つ一つ選んでいけば良い．次に，データ項目名とその単位を入力する．タイトル行で左から各欄にそれぞれ，面積，人口，人口密度，と入力し，同様に単位行で，ha，人，人/haと入力する．最後に，各欄に統計値を入力すれば良い．筆者の手元に，各区の面積，1995年国勢調査による人口の値があったのでこれを入力する．人口密度は面積と人口から計算すれば良い．図2.10は，入力が終わった状態の画面である．

		1	2	3
	タイトル	面積	人口	人口密度
	単位	ha	人	人/ha
1	千種区	1,841.02	148,847	80.85
2	東区	763.13	66,096	86.61
3	北区	1,752.63	171,582	97.90
4	西区	1,787.67	139,106	77.81
5	中村区	1,627.88	140,519	86.32
6	中区	932.22	63,006	67.59
7	昭和区	1,094.16	104,293	95.32
8	瑞穂区	1,123.47	106,299	94.62
9	熱田区	813.73	65,055	79.95
10	中川区	3,198.59	206,678	64.62
11	港区	4,382.45	150,538	34.35
12	南区	1,833.77	154,275	84.13
13	守山区	3,410.00	148,919	43.67
14	緑区	3,787.99	190,936	50.41
15	名東区	1,943.73	151,763	78.08
16	天白区	2,151.20	144,272	67.07

図 2.10 完成した属性データ

2.4.3 分析，操作，図化

ここまでで地図データと属性データの入手と作成について紹介した．ここでは，実際に MANDARA で作成したデータを利用して，図化を行ってみよう．

まず，図 2.11 のウィンドウ中のデータ項目で「2：人口」を選択した状態で，「描画開始」ボタンを押す．すると，図 2.12 のような図が表示される．この図は名古屋市各区を人口で塗り分けた地図である．これをみると，名古屋市中心部の人口（夜間人口）が少ないことがわかる．このあたりは中心業務地区なので，夜間人口が少ないのはもっともだろう．しかし一方で，図をみているうちに疑問も出てくる．面積の大きい区は人口も大きい傾向があるように見えるのだ．となると，名古屋市全域で人口密度の分布がどうなっているのかみたくなる．そこで，図 2.11 で「3：人口密度」を選択した状態で再び「描画開始」を行う．その結果が先に紹介した図 2.1 である．この図をみると，人口密度の高い地区は，中心業務地区の東と北の地区であることがわかる．

このような図化機能を活用すると，いろいろな地理的な事象を視覚的に把握す

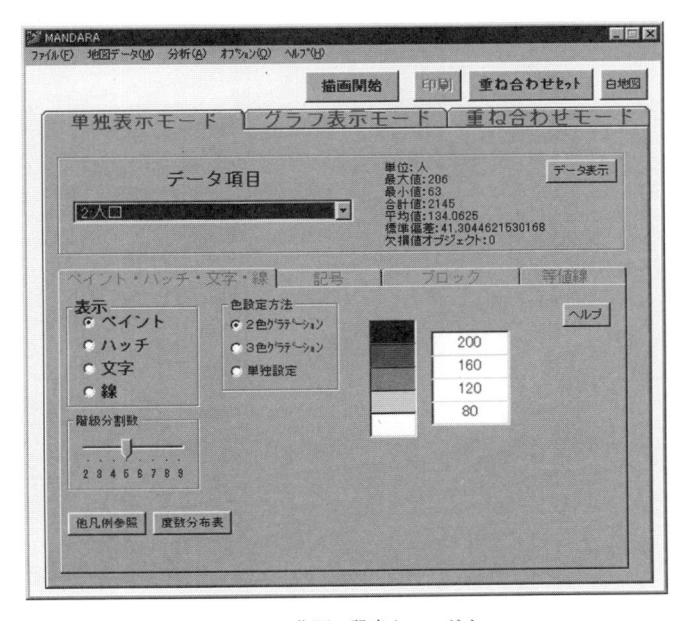

図 2.11　作図の設定ウィンドウ

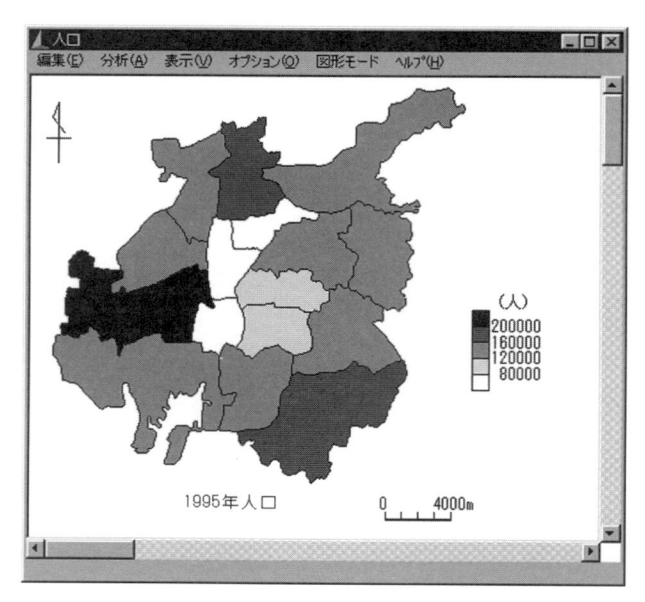

図 2.12 名古屋市の人口分布

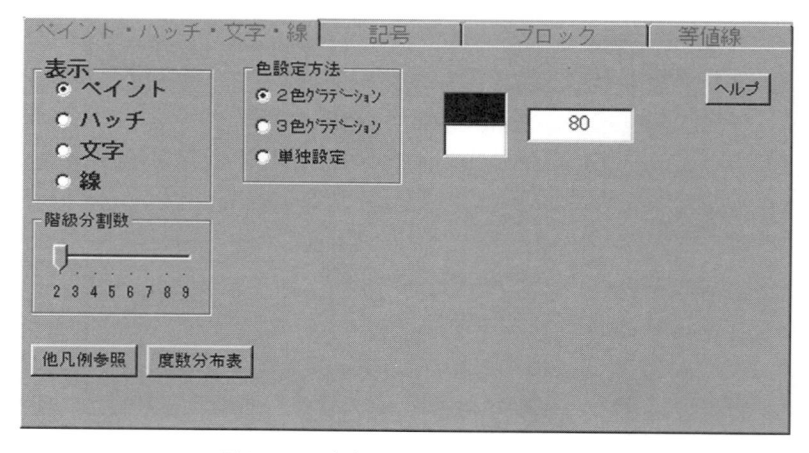

図 2.13 80 人/ha 以上の区を表示する設定

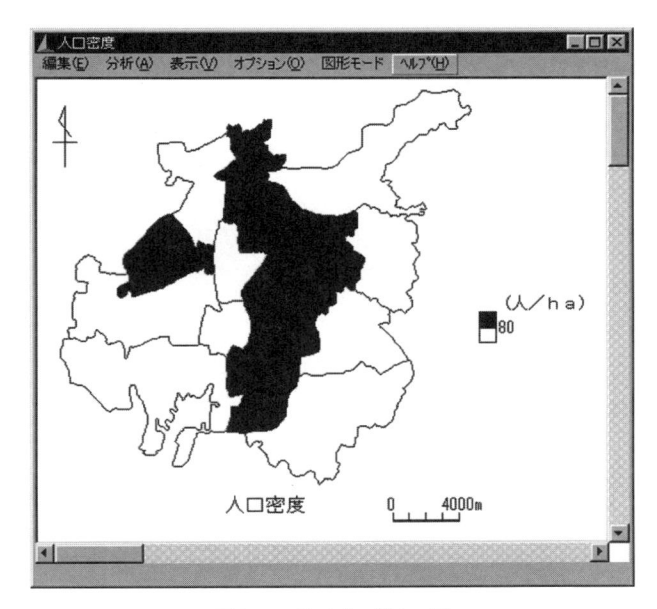

図 2.14 80 人/ha 以上の区

ることができる．例えば，名古屋市の中で人口密度の高い区はどこか図化してみよう．MANDARA のウィンドウで，「階級分割数」を 2 に設定し，分割境界値を 80 として（図 2.13）描画してみる．結果は図 2.14 に示したとおりで，中心業務地区を囲むように密度が高い区が分布していることがわかる．一方で，中心地区の真西にある中村区を除いて，西側の区は東側と比べて密度が低いこともわかる．図化によって，名古屋市の人口重心が中心業務地区より東側にありそうだ，とわかる．

以上，GIS の手順を紹介してきた．MANDARA の利用例を通じてもわかるとおり，GIS を用いて図化することによって，視覚的に地理的な事象を捉えることができる．GIS が有用なツールであることは明らかであろう．また，MANDARA の利用例をみていただければ，GIS の操作が難しくないこともおわかりいただけよう．

2.5　GISのコスト

　ここまで紹介してきたように，GISを利用するには，ハードウェア，ソフトウェア，データ，の三つを揃える必要がある．ほんの数年前まで，この三つを揃えてGISを導入するコストは数百万円から数千万円であった．ワークステーションと呼ばれる高価なコンピュータ，一部の専門家が利用する高度なソフトウェア，そして高価なデータ，これらをすべて揃えることは，一個人にとってはもちろん，多くの組織にとっても大変なことであった．ところが，ここ数年で事情は大きく変わった．パソコンの性能が飛躍的に伸び，高価なコンピュータでなくても，安価なパソコンでGISを利用できるようになった．GISソフトウェアは操作が容易になり，かつ価格も安くなった．安価なデータも少しずつではあるが提供され始めている．それぞれに価格が下がったことで，現在では，20万円ほどでもGISを導入することができるようになった．その一方で，ハードウェアの性能は何十倍，何百倍にもなり，一方でソフトウェアには次から次へと機能が強化された．GIS導入のためのコストは数千万円から二桁も安くなり，それでいてその性能は飛躍的に向上したのである．10年前であれば数カ月もかかって処理していたことが，今ではものの数時間でできてしまうこともある．価格低下と性能向上は，今後，GISの普及を促すであろうし，個人でGISを導入するケースもどんどん増えてくるだろう．大学で地理学を学ぶ学生でも，もしもすでにパソコンを持っているならば，あとはソフトウェアとデータを揃えるだけでGISを導入できる．あと何年かすれば，GISが日常生活の中にあるあたりまえの道具として定着しているかもしれない．　　　　　　　　　　　〔奥貫圭一〕

3

地理情報の取得とデータベース

3.1 地理データのモデル

3.1.1 データの分類

　GIS で扱うデータは，図 3.1 に示すように，「実世界」に存在する建物や道路や耕地をポイント（点）・ライン（線）・ポリゴン（面）で構成する空間データと，その内容を示す属性データからなる「デジタル景観モデル」として抽象化したものである．それらには製作目的に応じた取捨選択がなされ，パターンやハッチ（hatch）を施し「デジタル地図モデル」へ変換され，紙やディスプレイに「地図」の形態で表現・出力され，「メンタルマップ」として人間の脳に総合される[1]．この章では，地理データを「座標系や地図変換によって空間的に記録され，関連する属性データを所有するもの」[2]と定義し，関連する内容の概説を行う．

　地理データの構成は，図 3.2 のように，空間データと属性データに分けて整理できる．空間データとは，位置や形状の総称であるが，狭義には位置，幾何的形状，位相に関する情報を示す．ここでの空間データは，空間のいたるところで変動するデータであり，その空間は普通座標系での位置の関数として説明される．データ形式としては，ベクター型，ラスター型，TIN 型がある．これに対し，「何」の空間データであるのかを表すのが属性データである．属性データは，対応する空間データの非空間的地理データ，すなわちその特徴の内容を表す．

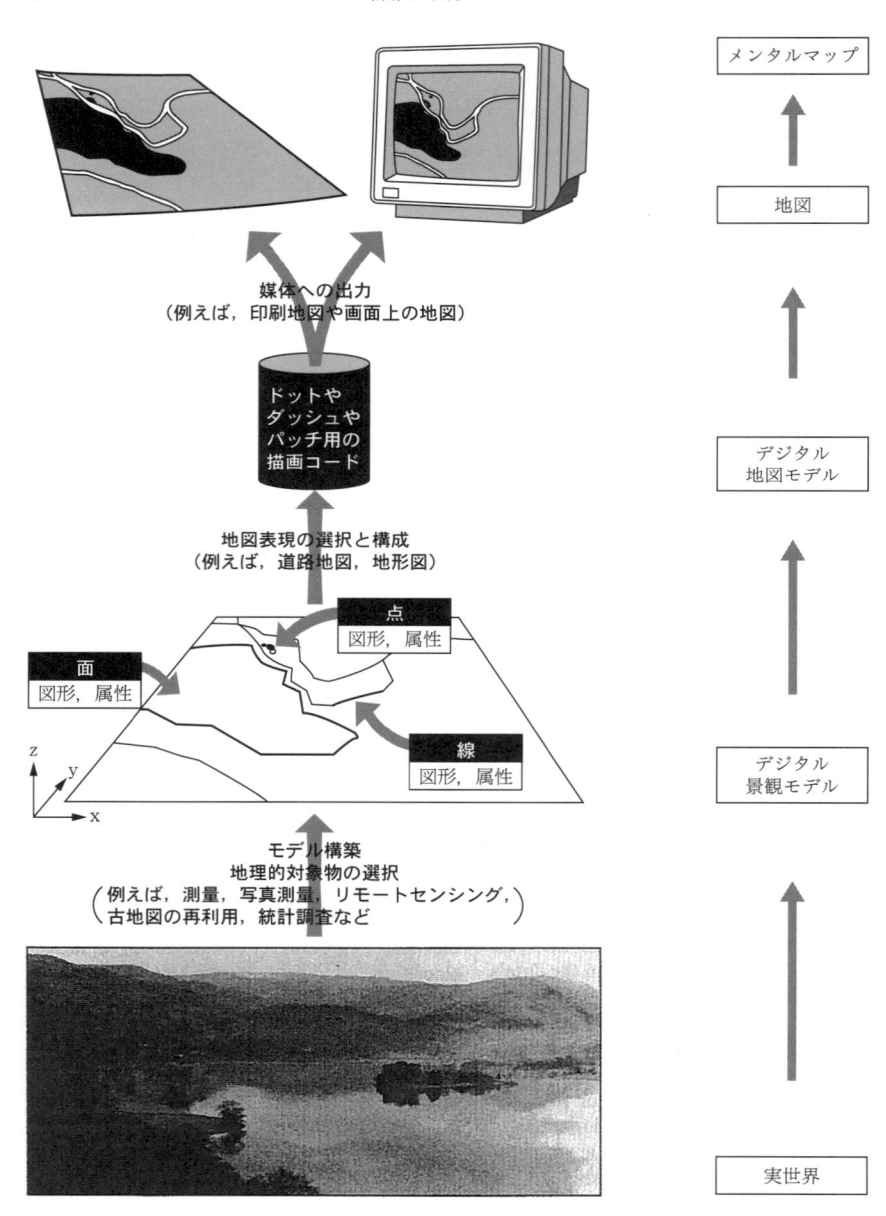

図 3.1 地理データのモデル化（クラーク・オルメリング，1996）[1]

3.1 地理データのモデル

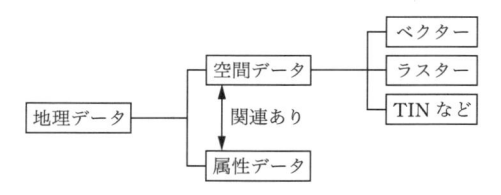

図3.2 地理データの構成

3.1.2 空間データ
a. ベクターデータモデル

1) 構造: ベクターデータモデルでは，実世界に存在する対象物を，ポイント，ライン，ポリゴンの三つの図形要素に分類してモデル化する（図3.3）．井戸や郵便ポストなどを表すポイントは，ポイント番号と座標値として記録される．道路や川などを表すラインは，ライン番号とラインを構成するポイント群の座標値により記録される．行政域や用途地域などを表すポリゴンは，一つ以上の

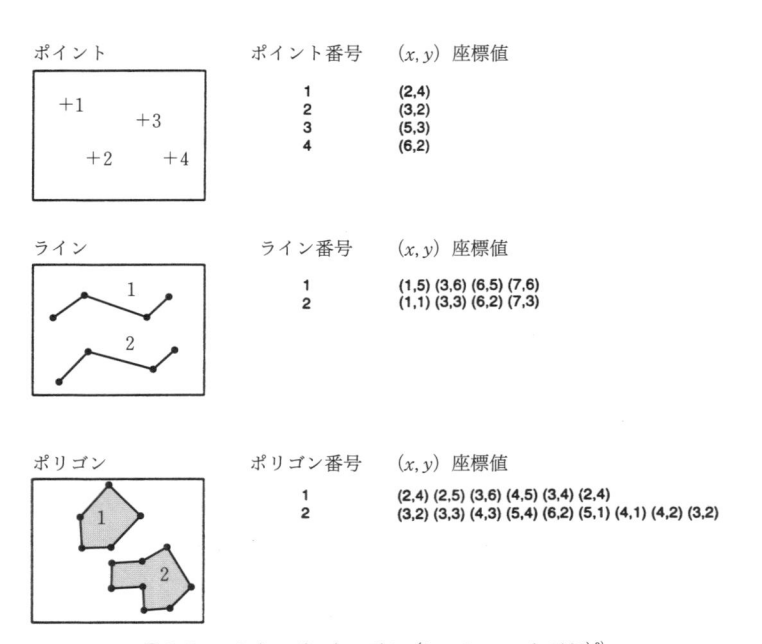

ポイント	ポイント番号	(x, y) 座標値
	1	(2,4)
	2	(3,2)
	3	(5,3)
	4	(6,2)

ライン	ライン番号	(x, y) 座標値
	1	(1,5) (3,6) (6,5) (7,6)
	2	(1,1) (3,3) (6,2) (7,3)

ポリゴン	ポリゴン番号	(x, y) 座標値
	1	(2,4) (2,5) (3,6) (4,5) (3,4) (2,4)
	2	(3,2) (3,3) (4,3) (5,4) (6,2) (5,1) (4,1) (4,2) (3,2)

図3.3 ベクターデータモデル (Longley, et al., 2001)[3]

域を形成する閉じた線分として，ポリゴン番号とポイントの座標値を記録する．各対象物の図形要素を定義する座標は，2次元（x と y，行と列，緯度と経度），3次元（z（高さ）の値が加わる），4次元（m（時間または別の特性）が加わる）となることが予想される．実際の線状の対象物を表現する際には，スプライン（spline）関数やベジェ曲線（Bézier curve）を使用して補完する．

　図形要素は，各要素の座標値を組で表し，空間内の複数の図形間の位置関係を示す位相構造を導入する．位相構造とは地物間の相互関係を指し，これにより空間検索やオーバーレイやネットワーク分析といった，ベクターデータに対する操作や空間分析が行えるようになる．GIS では，とくに図形要素の隣接関係，結合関係，包括関係に関する位相的性質を扱う．なお，位相構造を持たない，最も単純なベクターデータモデルをスパゲッティ（spaghetti）構造という．皿に盛られたスパゲッティは，重なり合ってラインやポリゴンのように見えるが，各オブジェクト同士に関連は存在していないことからこのように呼ばれている．図3.4(a) に示すように，各ラインとポリゴンの座標値やラベルは定義されているが，図形要素間の関係を示す情報は持っていない．

　これに対し，図3.4(b) は図3.4(a) と同じデータモデルを，Arc/Info をはじめとする今日の GIS で使用されるジオリレーショナル（geo-relational）構造に基づき，図形要素間の相互関係について示したものである．この構造の基礎単位は，ノード（結節点）として扱うこともある二つのポイントを直線で結ぶ線分（line segment）にある．二つのポイントは線分に方向性を与えており，左右の地域を定義する．図3.4(b) のライン17は，始点ノードとしてポイント8，終点ノードとしてポイント6を有し，左側の地域は OUT，右側のそれは A となる．線分に付されたラベルは，ポイントや属性データなどを，別のデータベースで参照できるようにするための「きずな」としても機能する．ジオリレーショナル構造は，柔軟な検索操作，地域結合，属性データの結合，一貫した確認作業などにも対応する．

　位相構造を持つ最初のベクターデータモデルは，DIME（二重独立地図符号化）であった．DIME は，1960年代に国勢調査データ処理用に米国統計局が開発したものであり，ラインを中心とする位相構造を提示した[4]．1980年代後半に入ると同局は，TIGER を開発した．そして，それをより複合化させ進歩させたのがジオリレーショナル構造である．これは，効率的かつ柔軟なデータ構造であ

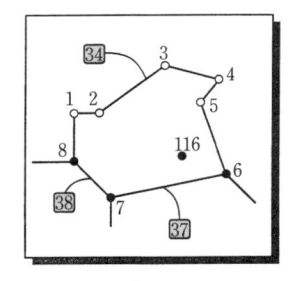

3.1 地理データのモデル

(a) スパゲッティ構造

	コード	座標値	属性
ポイント	116	(x, y)	町
ライン	34	$(x_8, y_8), (x_1, y_1), \cdots, (x_6, y_6)$	境界
ライン	37	$(x_6, y_6), (x_7, y_7)$	境界
ライン	38	$(x_7, y_7), (x_8, y_8)$	境界

(b) ジオリレーショナル構造

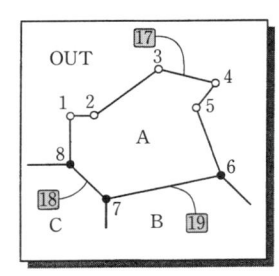

ポリゴン	面積	周辺長	属性-1	属性-2
A	783	1,621	名称	…

ライン	長さ	始点	終点	左ポリゴン	右ポリゴン	属性-1	属性-2
17	1,032	8	6	OUT	A	形式境界	…
18	211	8	7	A	C	形式境界	…
19	378	6	7	B	A	形式境界	…

ポイント	座標値	属性-1	属性-2
1	x, y	…	…
2	x, y	…	…
…	…	…	…
…	…	…	…
8	x, y	…	…

図 3.4 ベクターデータモデルの構造（クラーク・オルメリング，1996）[5]

るため，Arc/Info をはじめとする今日の GIS で採用されている．

2) 特徴と用途: ベクターデータモデルでは，本来印刷地図の持つポイント・ライン・ポリゴンの図形要素をもとにモデルを構築していることから，空間オブジェクトを扱う操作が多い．また，各オブジェクトはその背景に位相構造を有するため，それらの位置や形状そして関係の操作を正確に，かつ高速に行えるという特徴を持つ．表 3.1 は，各空間データモデルによる表現の特徴を要約したものであり，「地物表現」や「地理的分析」欄の記述に特徴がよく反映されている．

表 3.1 空間データ表現の比較（Zeiler, 1999）[6]

諸　元	ベクターデータ表現	ラスターデータ表現	TIN データ表現
モデルの焦点	正確な形状と境界を有した不連続な地物のモデル化に焦点を合わせている	連続する現象や地球の画像などのモデル化に焦点を合わせている	高さや分布の集中状態を効果的に表現することに焦点を合わせている
データ源	航空写真から編集する GPS 受信機から収集する 紙地図からデジタイズする ディスプレイから写し取る ラスターデータからベクター化する 三角測量の結果から等値線を引く 野外での測量成果をもとに調整する CAD 図面からインポートする	飛行機から写真を撮る 衛星から画像を得る 三角測量の成果から変換する ベクターデータをラスター化する スキャン（走査）した設計図や写真など	空中写真から編集する GPS 受信機から収集する 標高値をインポートする ベクターコンター（等高線）から変換する
空間の記録方法	ポイントは x, y 座標値として記録する ラインは x, y 座標値を結んだパスとして記録する ポリゴンは閉じたパスとして記録する	ラスターまたはセルの高さと幅による左下隅からの座標系を用い，各セルは行と列位置に基づき配置される	三角面での各結節点は x, y 座標値を有する
地物表現	ポイントは小さな地物を表す ラインはわずかな幅の長さがある地物を表す ポリゴンは広がりのある地物を表す	ポイントの地物は一つのセルにより表される ラインの地物は同じ値の隣接するセルの連続により表される ポリゴンの地物は同じ値のセルの範囲により表される	ポイントの z 値は(三角)面の形状を決定する 不連続線は尾根や谷のように（三角）面の中の変化を定義する 除外された領域は同じ高さの（三角）面を定義する
位相的結合	ライントポロジーは一つのノード（結節点）に連結された線を記録する ポリゴントポロジーはラインの左右の面を記録する	隣り合うセルは行と列の値を増減することですばやく位置付けることができる	それぞれの三角形は隣り合う三角形と結合し合う
地理的分析	位相的地図オーバーレイ バッファ総描と近接 ポリゴン分割とオーバーレイ 空間および論理的問い合わせ 番地付け ネットワーク分析	空間的一致 近接 面分析 散らばり 最小費用経路	高さ，傾斜，方位計算 (曲)面からの等値線を発生させる 体積（容積）計算 列状の断面図（直線断面図） 可視域分析
地図出力	地物の正確な位置と形状を描く最良の方法である．連続する現象や不明瞭な境界を持つ地物の表示にはあまり適していない	画像や徐々に変化する属性を有した連続する地物の表現には最適である．点や線の地物を描くにはあまり適していない	(曲)面を豊かに表現するのに最適である．高さ，傾斜，見え方または3次元の見通しを表示する時，色を使用してより見やすくすることができる

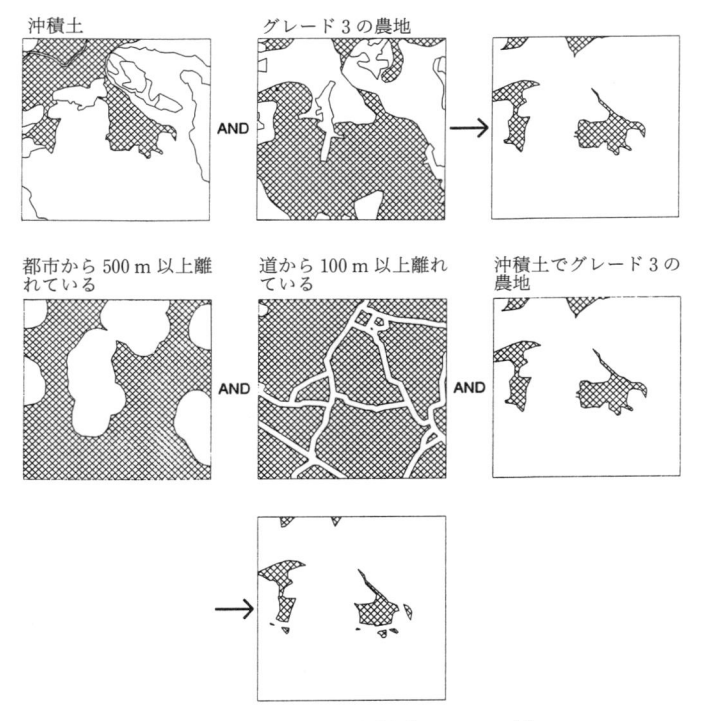

図 3.5 オーバーレイ分析 (Jones, 1997)[7]

ベクターデータモデルによる表現では，データ構造自体に位相構造を持つことから，ブール演算子 (Boolean operators) に基づくオーバーレイ分析が可能である (図 3.5)．これにより，ブール演算子を利用した再分類 (reclassify)，分解 (dissolve)，結合 (merge) といった新たな図形要素の処理が可能である．また，番地付け，最短経路検索などのネットワーク分析も行える．

ベクターデータモデルは，実世界の大きさや形が良好に保たれることから，基本的に線状物体の表現に優れている[8]．具体的には，道路や行政界といった人工物の表現に適している[9]．それゆえ，このデータモデルは社会，経済，行政分野での幅広い用途が期待されている．

b．ラスターデータモデル

1) 構　造：　ラスターデータモデルは，実世界のさまざまな地理的対象物の

表現に，セル（cell；格子）またはピクセル（pixel；画素）の配列を使用し，これで空間を覆う．地理的な変動は，セルやピクセルにその特性や属性を分割し，説明することになる．各セルはすべて等形である．等形のセルが隙間なく空間を覆うという条件を満たす図形として，三角形・四角形・正六角形が想定される．しかし四角形以外の図形だと，もとの形に相似する，より小さなセルに繰り返し再分割できないことや，各セルへの番号付けが複雑になるなどの難点があるので，処理アルゴリズムの観点からも四角形が一般的に使用される．セルの大きさは，それが大きすぎると地理的対象物が表現できなくなるので注意が必要である．特定の土地利用の面積など，最小の地理的対象物の3分の1から4分の1の長さのセルの利用が推奨されている[4]．

ラスターデータモデルの各セルには，図3.6(a)に示すような符号化スキームに基づく属性値を配する．具体的には，何らかのカテゴリーを設けコード化したもの，整数値，浮動小数点による表示などである．最も単純な例としては特定の土地利用の有無を二値化することで表現したものがあるが，高度な例としては浮動小数点方式の標高値などがある．各セルに複数の属性データを記録する場合には，行側に各セル（またはピクセル），列側に属性データとなる．

ラスターデータファイルのヘッダーには，セルの左上隅の地理座標，セルサイズ，行列要素数などメタデータがあり，その次に標高値などの属性値が配列され格納される．ラスターデータモデルの原点は，それが左下隅にくる普通の座標系（デカルト直交座標系）とは異なり，左上隅にくる．この原点に基づき行側と列

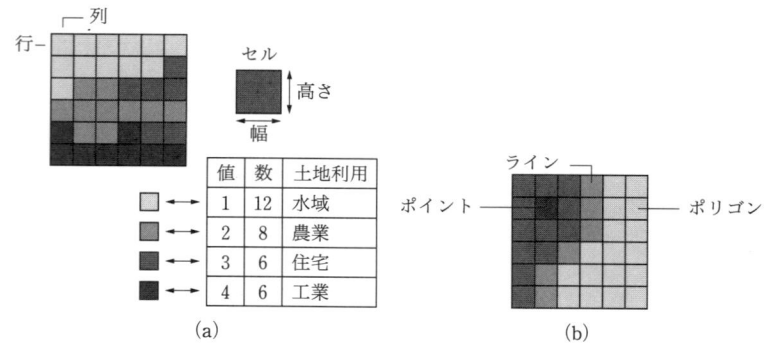

図3.6 ラスターデータモデル（Zeiler, 1999）[6]

側に番号が付され，各セルの位置は特定される．これは，コンピュータ・グラフィックスの領域で使用されてきた方法に由来する．属性値の格納にあたっては，2次元配列により，ランレングス式（run-length encoding）やウェーブレット式（wavelet compression techniques）などの方法を採用し，圧縮して行われる．

　ベクターデータモデルで説明した図形要素をラスターデータモデルで表現すると，図3.6(b)のようになる．すなわち，ポイントは一つまたは二，三の連続するセルで表現される．ラインは一つまたは二，三のセル幅を有した連続するセルにより表現される．ポリゴンは，セルの配列により表現される．各図形要素は，ラスターデータモデルによって視覚的に関連付けることが可能である．しかし，各フィーチャと関連付けるのであれば，ラスター－ベクター変換が必要である．

　2）特徴と用途：　ラスターデータモデルは，面領域を強く指向し，図形要素による領域の境界よりも，その内部に重点を置いている．符号化されたラスターデータは，一枚の背景地図のように扱え，ラスターデータ同士のみならず，ベクターデータモデルとの重ね合わせも可能である．例えば，衛星画像を背景とする建物の表現，数値標高モデル（Digital Elevation Model；DEM）を段彩表現して道路や行政界を描くことは，これに相当する．ラスターデータには，それを背景画像として表現・使用することにより，多くの情報を速やかに伝達できる特徴がある．ただし，現象は各セルに分割して表現されることから，実世界の大きさや形の表現には適さない．当然，図形要素の拡大や縮小などの処理にも適さない．しかし，表3.1にも記すように，各セルは原点からの行と列の位置により配置されているため，空間的な位置表示がたやすく，ブール演算も容易である．

　このモデルを使用した地理的な分析としては，現象（間）の特定の空間的一致を扱ったもの，ラスター間の距離算出に基づく近接性の分析，等値線を発生させたサーフェス（面）分析，大気汚染や伝染病などの拡散をモデル化した分散（散らばり）の分析，最小費用で道路やパイプラインなどを敷設するための最小費用経路分析などがある．データモデルとしての特性から，ラスターデータモデルは人工衛星や飛行機を利用したデータ入力の自動化がしやすく，また入力範囲も広域に設定できる．それゆえ，地形や気候といった自然物の表現に適し，結果として資源や環境に関連する分野において広く利用されている．

c. TIN データモデル

1) 構　造：　TIN は，図 3.7 に示すようにランダムに配置されたポイント（点）から，隣接し合い互いに重なり合わない三角形を発生させ，それらの集合によって 3 次元データを 2.5 次元構造のフェースにより表現するベクターポリゴン型のデータモデルである．TIN は Triangulated Irregular Network の略語であり，「不規則三角網」「不整三角網モデル」「三角形不規則ネットワーク」などと称されている．

TIN のデータは x, y, z の座標値を持ったポイントの集合により構成され，普通，空中写真などをもとに写真測量の技術により生成される．ランダムに配置さ

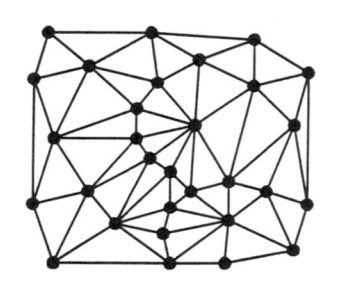

図 3.7　TIN データモデル

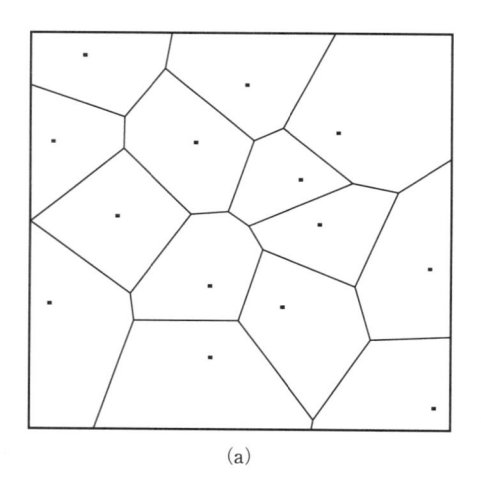

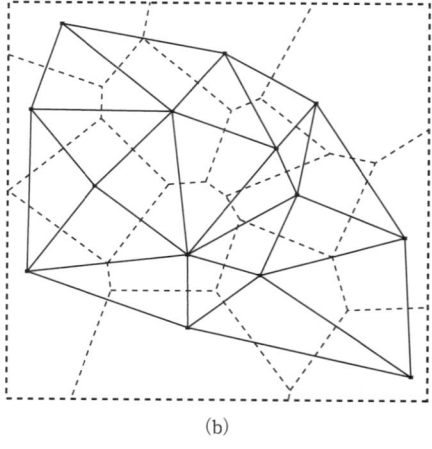

図 3.8　TIN の生成（Jones, 1997）[7]

れた各ポイントは，どのような規則に基づき三角網を発生させるのだろうか．図3.8(a) をもとに説明する．この図に示すように，与えられたポイントには等距離演算子を採用し，広がっていく円が交わる時の交線で作られる多角形を作る．ちなみに，この多角形はティーセン多角形（Thiessen polygons）と呼ばれ，これらによる空間分割のことをボロノイ分割（Vorronoi tessellation）という．この分割により，同じ最寄りのポイントを共有する領域が生成される．次に，ボロノイ分割された各辺を共有するポイント同士をすべて結ぶことによって，図3.8(b) のような三角網が描かれる．これをドローネ三角網（Delaunay triangulation）と呼び，この三角形には三つのノードを結ぶ円の中に，他のノードは入らないように規定されている．ちなみに，この三角形は可能な限り等辺となるよう生成される．また，起伏の少ないところでは三角形の密度は低く，大きいところでは高密度となる．

次に，生成された三角形の構造をみよう（図3.9）．ドローネ三角網の中の三角形はフェース（面）と呼ばれ，ポイントは一つのフェースを構成するためのノードとなる．フェースの周囲の線はエッジ（辺）と呼ばれる．TIN の中の一つのフェースは，3次元空間の中の一つの平面部分であり，ノードとエッジは隣接する別のフェースのそれらと接する．また，フェースはそれぞれが重なり合うことはなく，全体の TIN フェースが描かれる．

TIN データモデルは位相構造を有する．それらは，各三角形と隣接する各三角形を構成するノード（結節点）の情報を扱う．三角形型データ構造以外には，頂点型データ構造と辺型データ構造がある[10]が，ここでは三角形型データ構造を事例に説明する（図3.10）．このデータ構造は，三角形の番号（または名称），結節点のリスト，隣接する三角形の番号（または名称）から構成される．三角形は，常に三つのノードと，普通三つの三角形と隣接する．しかし，図3.10にも

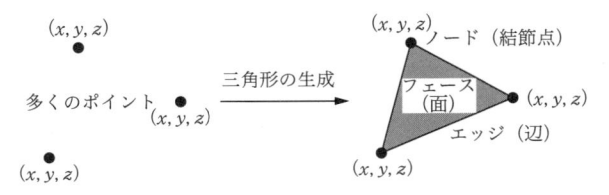

図 3.9 TIN の構造（Zeiler, 1999）[6]

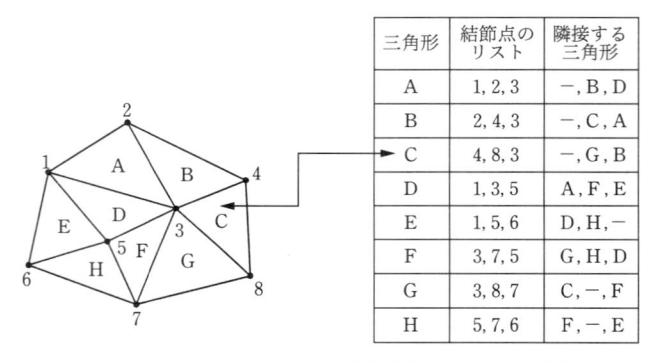

三角形	結節点の リスト	隣接する 三角形
A	1, 2, 3	-, B, D
B	2, 4, 3	-, C, A
C	4, 8, 3	-, G, B
D	1, 3, 5	A, F, E
E	1, 5, 6	D, H, -
F	3, 7, 5	G, H, D
G	3, 8, 7	C, -, F
H	5, 7, 6	F, -, E

図 3.10 TIN データモデルの位相構造 (Zeiler, 1999)[6]

みられたように，TIN の周囲に配置される三角形は，一つまたは二つの三角形とのみ隣接することになる．

2) 特徴と用途： TIN で表現されたサーフェスは，あたかもベクターデータモデルの図形要素を用いたように表現される．しかし，起伏の少ない地域はポイントの密度も低く，フェースはきれいに表現される．一方，山岳地域のように起伏の大きい地域のポイントの密度は高くなり，サーフェスも急激な変化を見せる（図 3.11）．谷や尾根などによる分割線（breakline）上では，サーフェスは鋭く変化し，せり出した崖や洞窟などをこのデータモデルで表現することはできない．

市販されている GIS において，TIN はソフトウェアとしても完成されている．それらを用いた分析処理としては次のようなものがある[6]．

- サーフェス内のポイントに基づき，標高・傾斜・斜方位を求める
- 三角網を補完し，等高線を発生させる
- サーフェスの標高帯を決定する
- サーフェスに関する統計量を算出する（例えば，体（容）積，平均傾斜角，面積，周辺長など）
- サーフェスから直線断面図を作成する
- 道路計画などにともない体積計算をする（ある地域で掘り出された土砂は，別の地域で捨てられる量と等しくなる）
- ある特定の地点から見えるサーフェスの面積を算出する．可視地図を作成す

図 3.11 TIN 表現の例（「数値地図 50 m メッシュ（標高）」による富士山）

る．

　以上のような分析が可能なことから，TIN データモデルは，道路計画にともなう体積計算，土地開発にともなう排水計画，都市形態の視覚化などの，3 次元データの特性を活かした適用が進んでいる（表 3.1）．なお，データ源としては標高データが広く利用されているが，これ以外にも化学的成分濃度，地下水位，降水量なども TIN データモデルによって表現可能である．

3.1.3 属性データ

　一般に，属性とは事物の特徴や性質のことを指すが，地理情報システムで扱う空間オブジェクトは，現実世界に存在する建物や道路などをモデル化し，そこに属性を付して構成されている．図 3.2 に示したように，地理データを構成する属性データの場合は，地理情報の基礎単位である地物の位置や形状や位相などに関するもの以外の特徴と性質を，文字や数値により表現したものをいう．行政機関などから提供される市区町村別や町丁別の社会経済統計や，標準地域メッシュに

表3.2 属性表（X駅周辺に立地するコンビニエンスストアの例）

オブジェクトタイプ	番号	名称	嗜好品の販売	X駅からの直線距離	一日の売上高
点	1	A店	Y	100 m	90万円
点	2	B店	W	40 m	60万円
点	3	C店	Z	250 m	40万円
点	4	D店	X	500 m	75万円

嗜好品販売の分類（W：タバコのみ販売，X：酒のみ販売，Y：両方とも販売，Z：両方とも販売せず）

基づく土地利用データなどは，その代表例といって良い．また，地物を地図として表すため，点の大きさ，線の種類や色，面のきめ（模様）などに関するコード化された管理情報も，属性データの範疇にある．なお，国土地理院と民間企業との研究に基づく『地理情報標準 第2版』（http://www.gsi.go.jp/GIS/stdindex.html）[11]やISO 19100では，地物の幾何や位相などに関する情報を空間属性（spatial attribute），記述的特徴に関する情報を主題属性（thematic attribute）として，それぞれ定義しているので，属性データに対する一元的な取り扱いには注意を要する．

一般に，属性データは表形式で示される．表3.2のように，ある空間オブジェクトの地物を記載したものを属性表（attribute table）という．属性表の行側には地物を，列側には各属性を配置する．セル内には，地物の属性値が格納される．属性表は，各地物に番号や名称を付することによって，空間データや他の属性データとの関連を保つ，リレーショナル型データベースの形態で管理される場合が多い．属性表の各セルにはさまざまなデータが格納される．それらは質的なものと量的なものに大別され，さらにそれぞれは二つに細分できる．

【質的データ】

名義尺度（nominal scale）：多くの中からあるものを見極め，かつ他と区別することを目的とする質的データである．地名や行政コードや土地利用コードなどは，その代表例である．例示した表3.2の「名称」と「嗜好品の販売」がこれに該当する．名義尺度の属性値には数字や文字，または色を使用することもある．この属性値の計算に意味はない．

順序尺度（ordinal scale）：自然な序列を有し，データの大小関係にのみ意味を持った質的データである．土壌の質で農地をクラス1，クラス2などと分類す

るのはその好例である．属性の平均値に意味は存在しないが，全地物の中央値を求め，それより大きい属性値の地物を高ランク，低い属性値のそれを低ランク，などと分類することは可能である．

【量的データ】

間隔尺度（interval scale）：差をとることのできる量的データを表す属性値のこと．値の原点は決まっておらず，任意に設定する．地点間の距離や高低，摂氏で表された温度などはその好例であり，表3.2の「X駅からの直線距離」がこれに該当する．属性値の足し算と引き算に意味はあるが，掛け算と割り算に意味はない．

比例尺度（ratio scale）：比率の計算ができる量的データを表す属性値のことで，0は意味を有し，値の原点は決まっている．例えば，100トンの石炭は50トンのそれの2倍であるというように．地理情報システムで多く扱う人口や事業所数などのデータは，このタイプに属する．表3.2では，「一日の売上高」がこれに該当する．

地理情報システムでは，これら二つに大別された四カテゴリー以外に，経緯度やものの動く方向など，巡回性（cyclic）を有したデータもよく使用する[12]．例えば，真北を0とする方位値は，359度の次の値は0度となる．もし，ほぼ北を指す1度と359度の方位の平均値を計算すれば180度となって南を指す．いわゆる"2000年問題"で話題となった'00'が，1900年なのか2000年なのかを識別できなかったのは，間隔尺度のデータに巡回性を与えてしまったことが原因である．このほか，度分秒（DMS）の数値をコンピュータ処理する都合から，分秒以下の値を10進表記して使用するなど，地理情報システムでは前述したデータタイプに該当しない数値も属性値として扱うことがある．

3.2 地理情報の収集

3.2.1 収集データの分類と作業過程

地理情報は，さまざまなデータ源からもたらされ，また幅広いデータタイプを有する．データ生成の観点からそれらを整理すれば，表3.3のように表すことができる．ここでいう一次データとは，GIS利用を前提として，地物から直接生成するデータを意味する．これに対し，二次データとは，当初の目的のために取

表3.3 地理データの分類 (Longley, et al., 2001)[3]

	ベクター	ラスター
一次データ	・GPS測定（計測） ・測量計測	・デジタル化されたリモートセンシング画像 ・デジタル化された空中写真
二次データ	・地形図 ・地名データベース	・スキャン（走査）した地図や写真 ・地図からのデジタル標高モデル

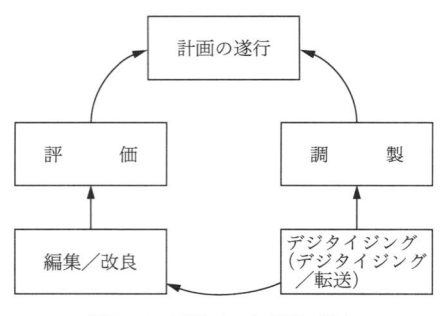

図3.12 地理データ収集の流れ

得したデータを，各GISプロジェクトにおいて利用できるよう加工したものをいう．地理データは，デジタル形式やアナログ形式に関係なく，どちらからでももたらされる．ただし，アナログの地理データは，地理データベースとして格納する前に，デジタル化しなければならない．

　計画遂行のための地理データ収集は，連続した作業過程のもとで行われる（図3.12）．地理データ収集とは，いわば「デジタイジング」のことであり，ここにはタブレット型デジタイザーによるデジタイジング，測量による記録，走査，写真測量の技術も含む．この段階では，多くの時間と費用を必要とする．プロジェクトの中で位置付けると，収集データの「調製」はとても重要である．そこには，データ取得，粗悪な地図情報源を原因とする製図のし直し，走査した地図画像からノイズを取り除く作業などが含まれる．「編集／改良」には，デジタイザー入力にともなうはみ出し（overshoot）や隙間（undershoot）の処理，そして細かく断片化されてしまったポリゴン（sliver polygons）処理などのエラー消去技術を含む[13]．そして，プロジェクトの成功と失敗を見極める「評価」の段階を経て，「調製」後の収集データとともに，「計画の遂行」がなされる．

3.2.2 一次データの収集
a. ベクターデータ

　地理データの主要なデータ源といって良いベクターデータは，主に地上測量と全地球測位システム（GPS）によってもたらされる．地上での測量について，あらゆる地点の3次元位置は，他の既知の地上位置からの角度と距離を計測することによって決定できる．従来，測量にはトランシット（transit）やセオドライト（theodolite）のような機器と，距離を計測する巻尺などを使用してきた．今日，それらはトータルステーション（total station）（図3.13）に置き換わりつつあり，高い精度で距離と角度が計測できる．結果として，それらは野外での直接的なポイント・ライン・ポリゴンで構成するベクターデータを生成する．

　地上測量は時間消費型の作業であり，かつ多額の費用を必要とする．トータルステーションを使用して計測するとはいっても，それを操作する者と反射プリズムを持つ者，最低二人は必要である．けれども，トータルステーションによる計測は，精度の高い位置データを，一定品質を保ちながら取得する最良の方法であり，大縮尺や中縮尺で用いる空中写真や衛星画像も，しばしばこの地上測量に用いた地点を地上参照点とする．

　GPSは，高度約2万km上空で地球を周回する六つの軌道面に4衛星，合計24（1998年9月時点予備を入れて合計26衛星が利用できる）のNAVSTAR衛

図3.13　トータルステーション

星の電波を，五つの管制局と個々の受信機で受信するシステムをいう．このシステムは，米国国防省によって軍事利用を目的として構築され，SA（Selective Availability）と呼ばれる，意図的にGPS時（GPS Time）や軌道情報にノイズを与え，そのデータを不正確にする措置がとられてきた．しかし，それは2000年5月に解除された．これにより，すべての利用者は10m程度の誤差でたやすく x, y, z の位置を確定できるようになった．GPSを使用した測位には，表3.4に示す方式がある[8]．高精度の測位には，NAVSTAR衛星から発信される搬送波を利用し，その位相を測定する干渉測位方式が採用される．

GPS受信機（図3.14）は，今日一万円前後で入手できるようになった．これを用い位置情報を取得するには，障害物のない場所において四つ以上の衛星から

表3.4 GPSによる測位方法（東明，2002）[8]

方式		精度（概略）	特 徴
単独測位方式		約10 m	カーナビゲーション，航空機，船舶ナビゲーション
DGPS方式		約10 cm 〜数 m	高精度ナビゲーション，船舶測位，障害者・高齢者支援
干渉測位方式	スタティック測位	約1 cm	基準点測量，地殻変動検出（火山観測，地震予測）
	キネマティック測位	約2 cm	高速精密測量，土木工事測量，基準点測量，軍事利用

図3.14 GPS受信機

電波を受信することが必要である．つまり，森林や山の陰，高層ビル街での情報の捕捉は困難なことを意味する．GPS受信機からは，たやすく高精度の位置情報が得られることから，移動のない対象物のみならず，自動車や船舶や飛行機などの移動対象物まで，さまざまなタイプの位置情報を，直接取得するのに役立っている．なお，GPSという用語は，米国国防省の衛星を使用した場合に用いられるべきで，同システムのロシア版についてはGLONASS，EUではGalileoが提案されている．

b．ラスターデータ

ラスターデータは，リモートセンシング（remote sensing）を通してその収集を行うことが最も多い．リモートセンシングとは，直接接触することなく対象物の物理・化学・生物的特性に関する情報を引き出す技法の一つである．その情報は，対象物から反射，放射，拡散された電磁波の測定値に基づく．収集されたデータは，地上で確認された情報と照合させる過程を経て実際に利用される．電磁波に反応するセンサーには，太陽放射や地上放射に反応するパッシブセンサー（passive sensor）と，自らマイクロ波を放射し，その反射波を捉えデータを得るアクティブセンサー（active sensor）がある．センサーは，地球周回衛星，定まった航路を飛行する航空機，ヘリコプター，風船，マスト，起重機の腕木などに搭載される．

地理情報収集の観点からすれば，解像度はリモートセンシングの重要な物理特性である．そのうち，空間的解像度については分解能で表され，1ピクセルが地上対象物のどの位の大きさに対応するかを意味する．従来の衛星画像の解像度は，せいぜい1ピクセルあたり10m前後であったが[14]，イコノスをはじめとする1990年代後半以降の商業用リモートセンシング衛星による画像については，モノクロで1mの分解能を有する．このような解像度で，1,000×1,000から3,000×3,000ピクセル幅の画像が得られるようになった．他方，時間的解像度については，同じ地域でデータ収集する頻度（周期）を意味する．商業用リモートセンシング衛星には，周回軌道衛星と静止軌道衛星がある．周回軌道衛星は，規則的な間隔で地球表面についてのさまざまなデータを収集する．例えば，フランスのSPOTは，高度832kmの極軌道で，26日ごとに地球表面の同じ場所を探査し続けている．

中縮尺から大縮尺のラスターデータ収集において，空中写真は重要な役割を果

たす．空中写真は，1ピクセルあたり0.1～0.5mの分解能を有する．光学カメラを使用して収集したフィルムネガは，走査することによってラスター化される．空中写真は，高度3,000～10,000mで飛行する飛行機に搭載されたカメラを利用し，普通パン-クロマチック（白黒）かカラーのどちらかで撮影されている．

衛星や空中写真システムで収集したラスターデータの特徴は，重ね合わせをした対から，ステレオ画像が供給できることにある．デジタル写真測量ワークステーション（Digital Photogrammetry Workstation：DPW）を使用すれば，3次元座標や等高線から3次元の数値地形モデル（Digital Terrain Model：DTM），そしてDEMを生成できる．このようにして得られるデータは，大地域でかつ人間を寄せ付けないような地域での対象物の地図化に有効である．リモートセンシングに限れば，広大な面積にわたる作物の作付面積の把握や生育状況，環境破壊の実態把握などに有効であろう．空中写真については，大都市中心部のような，3次元データを必要とする地域においての測量や地図製作に役立つ．

3.2.3　二次データの収集

a.　ベクターデータ

二次ベクターデータの収集は，印刷地図やほかの地理データ源からのベクターオブジェクトのデジタイジングが主たるものとなる．手動型のデジタイザー（図3.15）は，さまざまな大きさと機能を備えるものの，比較的安価な価格で市販されている．それらは，繊細な電線を張り巡らせたテーブルの象限上を通るカーソル位置を検出することで，ベクターオブジェクトが入力される．これにより，最高で0.075～0.25mm程度の位置精度が得られる．手動デジタイジングは，ポイント・ライン・ポリゴンの各オブジェクト頂点位置にカーソルの十字中心を置き，定められたカーソルのボタンをクリックして位置データを記録する．これに対し，ストリーム・モード・デジタイジング（stream mode digitizing）は，例えば0.25秒毎や5mm毎というように，定められた時間間隔と距離で頂点位置を自動的に収集する方法である．しかし，余分な座標値まで取得するため，容量の大きいデータファイルを作り出してしまう．

出力地図をスキャナーでラスター化し，このファイルをコンピュータに入力して，マウスでディスプレイ上のベクターオブジェクトをデジタイズする方法もあ

図 3.15 デジタイザー

る．手動型デジタイザーを使用する場合と異なり，利用者は屈んだ姿勢をとることがないので，これをヘッドアップ（head-up）デジタイジングと呼んでいる．土地区画や建物や特定土地利用上の施設など，対象物の選択的取得に広く利用されている．

　ベクター化とは，ラスター–ベクター変換のことであり，バッジ方式や対話型（半自動のベクター化）ソフトウェアを使用し実施する．ベクター化には，画像中の細長い図形を連結し，線幅を1の図形に変換する細線化処理（図3.16(a)）と，ラスターデータが存在する領域と存在しない領域の輪郭線を結ぶベクターデータを作り，輪郭線上から対になるベクターの中心線を生成する芯線化処理がある（図3.16(b)）．建物のような対象物はポリゴンとして閉じており，形も比較的単純なので容易にベクター化することができる．いずれの方式を採用するにせよ，ベクター化には，ラインの進行方向，ポリゴン境界やノード，ポリゴンを形成するチェーンの順列，チェーン左右のポリゴン番号などの位相情報構築が必要となる．また，作業の最初には不必要なノイズやマークを取り除き，きれいな図面をスキャナー（scanner）に読み込ませることも大切である．いずれにせよ，ベクター化は非常に労働集約的な側面がある．それでも，特に対話型で行うベクター化は，手動あるいはヘッドアップデジタイジングよりも，ほとんどの場合，高い生産性をもたらしている．

(a) 細線化処理

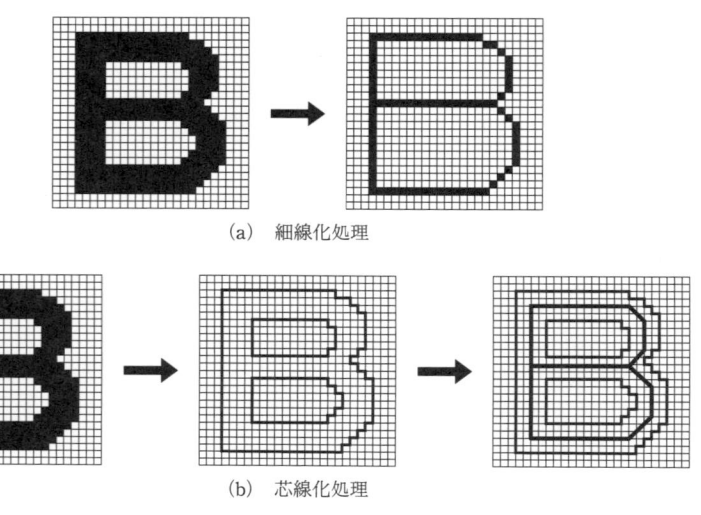

(b) 芯線化処理

図 3.16 ラスター-ベクター変換

　もう一つの代表的二次ベクターデータ収集は，写真測量（photogrammetry）の技術によってもたらされる．写真測量とは，空中写真をはじめさまざまな画像から被写体の形状や性質を調べる科学と技術の総称である．地理情報収集の観点からは，標準で60％重複した対の空中写真や衛星画像から導かれたモデルにより，2.5次元ないし3次元の測定値を取得することに強い関心が注がれている．具体的にそれらは，解析式またはデジタル式の図化機作業によって取得できる．写真測量の技術は，等高線やDEMや空中写真などを情報源とし，大半のベクターデータについて，正確で高い費用対効果で取得することに貢献している．とくに，中縮尺や大縮尺の精度においては，詳細な地勢データを得る唯一の空間的手法といえる．しかし，設備の複雑さと高コスト，空中写真をはじめとする独自の一次データ取得を実現する能力から，その作業の大半は専門の会社や機関に委ねられている．今日，一般化された正射写真（ortho photo）は，このような技術から生み出されている．

b. ラスターデータ

　二次データ源からのラスターデータ取得には，スキャナーを最も多く使用する．スキャナーは，イメージスキャナーとも呼ばれ，文書や図を連続する線で走査し，反射した光の総量を再コード化して，アナログメディアをデジタル画像に

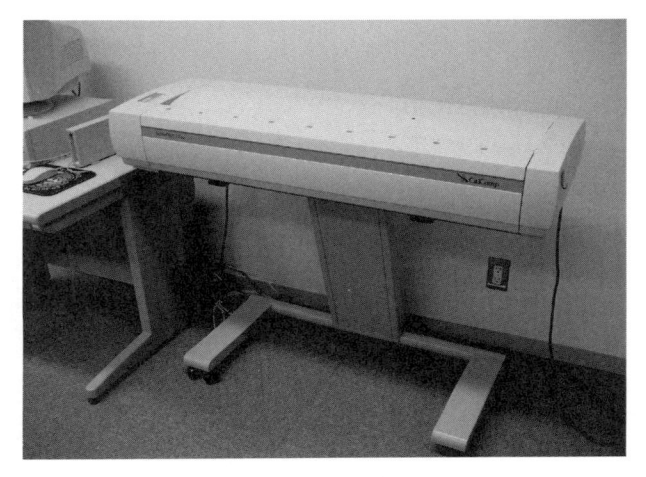

図 3.17 スキャナー

変換する機器である（図 3.17）．反射光は，一般に二値レベル（黒と白（ピクセルあたり 1 ビット））もしくはマルチグレーレベル（ピクセルあたり 0〜255 ビット（階調））により計測する．カラーの場合は，赤・緑・青の 3 原色分解で，やはり 0〜255 の階調に変換し出力する．反射光は CCD（Charge Coupled Device）センサーで受光し，光の強度でその地点の濃淡を読み取り，そのデータをラスターデータに変換する．読み取りの空間分解能は，およそ 50〜3,200 dpi（dots per inch）と広範囲にわたる．

走査された画像や文書は，ベクター化のための背景地図あるいはデータ源として利用される．これにより，データ源であるアナログメディアの消耗を減少させ，アクセスを改善することで，統合化したデータベースに地理的索引を付与できる．また，紙地図・空中写真・画像などを走査し，それらをリファレンスとして使用すれば，所有する画像や写真をより高度に活用することが可能となる．

3.2.4 地理データの流通と外部データの利用

a.「数値地図」

「数値地図」とは，国土地理院の刊行するデジタル形式の地図データのことで，測量法に基づき国土交通大臣が刊行し，商標登録されている．具体的には，地形図に表現されている情報（標高値，土地利用現況の分類項目等）をコード化・数

値化し，位置についての座標系を用いながら記憶媒体（磁気テープ・フロッピーディスク・CD-ROM 等）に記録したもので，これらをコンピュータ並びに周辺装置を用いて地図図形に再生（出力）したものを含めて「数値地図」と呼んでいる[15]．

「数値地図」の販売は，1993 年より開始された．当初の記憶媒体はフロッピーディスクを使用しており，「数値地図 50 m メッシュ（標高）」の各図郭ごとのデータは一枚ずつフロッピーディスクに記録されていた．一枚あたりの価格も 9,700 円と高額だったため，その利用は限定的なものであった．しかし，1997 年に CD-ROM による刊行が始まり，かつ一つの媒体あたりの掲載範囲が大幅に拡大されたことから，その利用は拡大の一途をたどっている．今や「数値地図」は，統一された規格で製作されるわが国の代表的地理データといってよい．

表 3.5 に，「数値地図」と「国土数値情報」を，データモデルに基づき示した．ベクターデータと一部のラスターデータには，閲覧用の簡易ソフトウェアが付属しているが，「数値地図」を用いた本格的な視覚化や分析のためには，GIS ソフトウェアの利用が不可欠である．「数値地図」の概要確認と注文は，（財）日本地図センターのホームページ（http://www.jmc.or.jp/）から行える．

表 3.5 国土地理院の提供する「数値地図」と「国土数値情報」

(2004 年 3 月現在)

数値地図	1. 数値地図 2500（空間データ基盤） 2. 数値地図 25000（空間データ基盤） 3. 数値地図 10000（総合） 4. 数値地図 25000（海岸線・行政界） 5. 数値地図 200000（海岸線・行政界） 6. 数値地図 25000（地名・公共施設）	ベクター型
	7. 数値地図 25000（地図画像） 8. 数値地図 50000（地図画像） 9. 数値地図 200000（地図画像） 10. 数値地図 5 m メッシュ（標高） 11. 数値地図 50 m メッシュ（標高） 12. 数値地図 250 m メッシュ（標高） 13. 数値地図 1 km メッシュ（標高） 14. 数値地図 10 m メッシュ（火山標高）	ラスター型
国土数値情報	1. 国土数値情報 2. 細密数値情報 10 m メッシュ土地利用 3. JMC マップ（日本）（（財）日本地図センター発行）	

（財）日本地図センターのホームページ（http://www.jmc.or.jp/）および販売用チラシにより作成．

b. 自治体の刊行する GIS データ

　地方自治体では，管内の施設管理や各種現況図作成，都市計画策定などの業務に縮尺 2,500 分の 1 の都市計画基本図を用いる．地理学の研究では，自然・人文を問わず，これらの地図を入手し，調査研究用の基図として使用することが多い．2,500 分の 1 の縮尺で管内を覆うためには，図幅が相当の枚数に及ぶ自治体も多く，印刷地図の管理と出力には手間を要する．また，数年おきの更新にも多額の費用がかかる．今日，2,500 分の 1 の都市計画基本図製作についてはデジタル化が進み，紙媒体だけではなくデジタル化して各自治体へ納品し，統合型 GIS 用の基図として活用することもめずらしくなくなった．

　このような中，政令指定都市級の大都市では，名称は異なるものの，デジタル化した都市計画基本図を CD-ROM に記録し販売を行うようになった．現在，東京都・川崎市・札幌市などにおいて，その刊行と販売が行われている．図 3.18

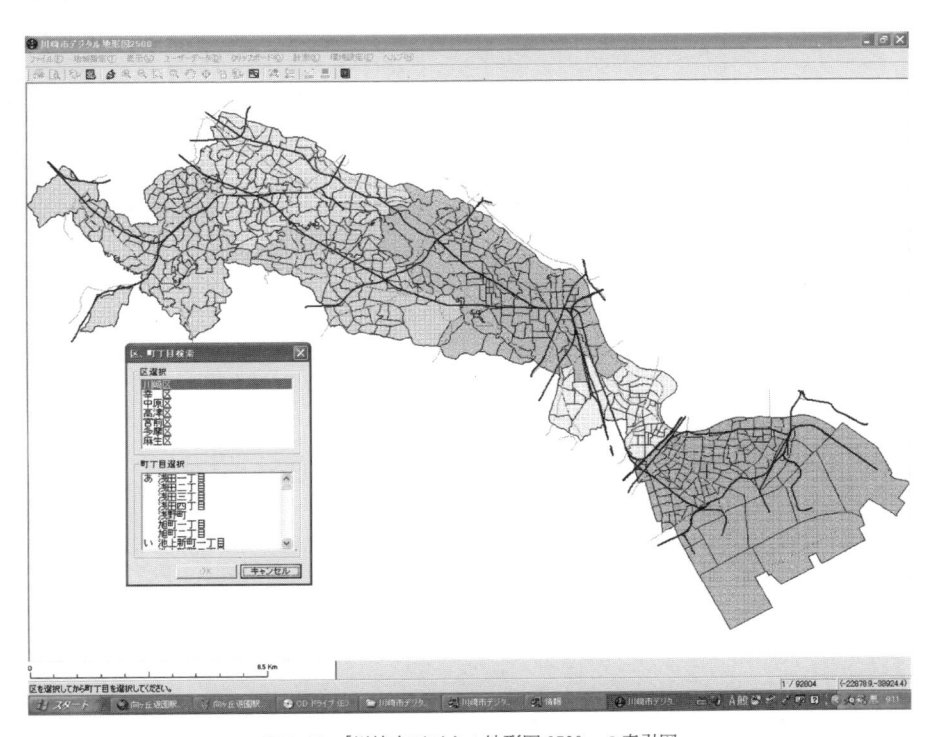

図 3.18　「川崎市デジタル地形図 2500」の索引図

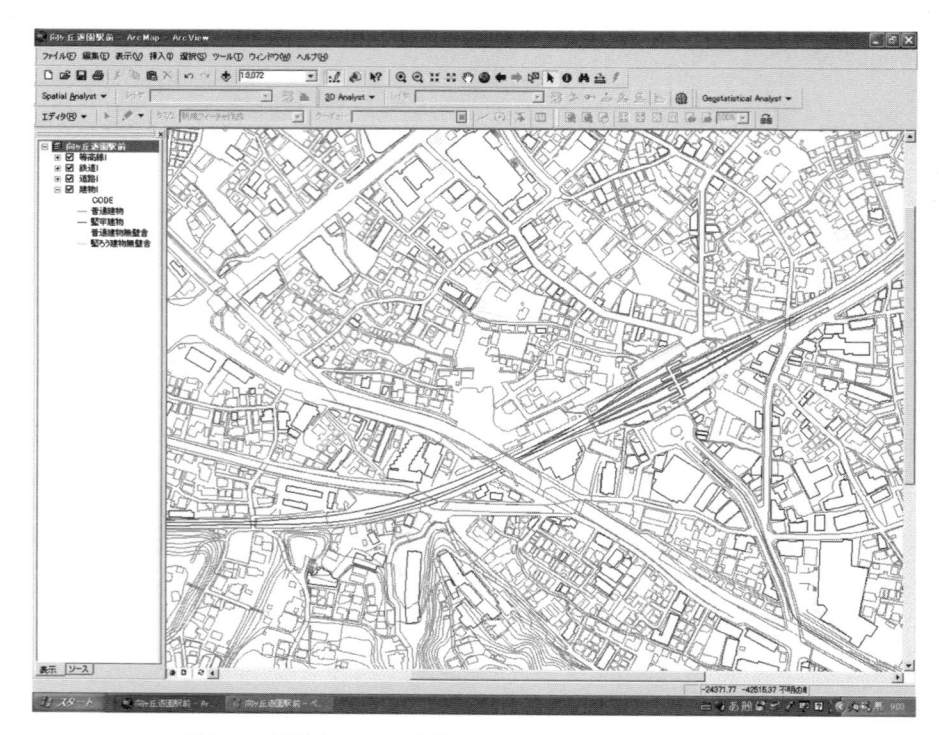

図 3.19 「川崎市デジタル地形図 2500」の表示例（向ケ丘遊園駅前）

は「川崎市デジタル地形図 2500」の索引図，図 3.19 は同データを使用して川崎市多摩区向ヶ丘遊園駅前の建物・道路・鉄道・等高線レイヤーを表示したものである．この種のデータに収録されている内容は，行政界・道路・鉄道・建物記号・小物体・土地利用・等高線・注記などであり，国土交通省監修の公共測量作業規定に基づき，地形情報の取得や属性付与などが行われ，『平成 6 年国土基本図図式』[16]に基づいて視覚化されている．CD-ROM 中には，地名入力による地図検索，道路や建物などの表示設定と色指定，地点間距離や面積計測などを行う機能も付属する．加えて，GIS ソフトウェアや CAD (Computer-Aided Design) での使用に対応するファイル変換機能を有する．この種の GIS データを使用した本格的な表示や分析のためには，やはり GIS ソフトウェアの利用が不可欠である．

3.2 地理情報の収集

c. クリアリングハウス

クリアリングハウス（clearinghouse）とは，地理情報の所在や書誌情報をコンピュータネットワーク上で検索するシステムのことをいうが，本来は資料やデータを収集・保存し，利用できるようにする機関のことを意味する．現在この用語は，1994年に米国の国土空間データ基盤（National Spatial Data Infrastructure：NSDI）プロジェクトにおいて使用した，地理情報のよりオープンな利用のために考案された，インターネット上の検索サービスを提供するサーバーのサイトを意味している．

表3.6 クリアリングハウスと主な地理情報源（Longley, et al., 2001, Herzog, 2003）[3],[17]

サイト名	URL	特徴
日本		
国土地理院地理情報クリアリングハウス	http://zgate.gsi.go.jp/	国内地理情報の所在情報検索
GISサイバー見本市クリアリングハウス	http://www.nsdipa.gr.jp/	国内民間企業の製作・販売した地理情報の検索
東京大学空間情報科学研究センタークリアリングハウス	http://www.cis.u-tokyo.ac.jp/japanese/index.html	
国土交通省国土数値情報ダウンロードサービス	http://nlftp.mlit.go.jp/kj/	国土数値情報が県別にダウンロードできる
国土交通省位置参照情報ダウンロードサービス	http://nlftp.mlit.go.jp/kj/	○町○丁目○番の位置情報（経緯度）を整備
国土交通省ウェブマッピングシステム	http://nlftp.mlit.go.jp/kj/	国土数値情報とカラー空中写真の閲覧が可能
地図閲覧サービス	http://watchizu.gsi.go.jp/	国土地理院刊行の2万5,000分の1地形図の閲覧が可能
海外		
The Data Store	http://www.data-store.co.uk/	ヨーロッパを中心とする世界中のデータカタログ
National Spatial Data Infrastructure	http://www.fgdc.gov/clearinghouse/clearinghouse.html	メタデータで示された世界中のデータ源リスト
EROS Data Center	http://edcwww.cr.usgs.gov/	米国データアーカイブ
Geography Network	http://www.geographynetwork.com/index.html	オンラインのデータと地図のサービス
The GIS Data Depot	http://www.geocomm.com/	無料で使える地理データを蓄積
AGI GIS WWW Resource List	http://www.geo.ed.ac.uk/home/giswww.html	各国のGISデータやソフトやプロジェクト等のリスト

（2005年4月現在）

クリアリングハウスによる地理情報のオープンな利用・提供環境は，誰にでも必要な地理情報の所在や，データ概要を記述したメタデータの取得を可能にしている．表3.6は，日本および欧米におけるクリアリングハウスと外部データ源を示したものである．このうち，国土交通省の国土数値情報ダウンロードサービスでは，メタデータのみならず，データファイルそのものもダウンロードできるサービスを行っている．ダウンロードした自然・土地関連・国土骨格・施設・産業統計などの地理データを，使用する GIS ソフトウェア用にデータ変換を行えば，豊富な資料をデジタル形式で獲得することになる．欧米のものについては，The Data Store や AGI GIS WWW Resource List が評価が高いサイトとして知られている[17]．

d. 地理データのフォーマットと変換

「数値地図」をはじめ各種サイトよりダウンロードして得た地理データは，それぞれが異なるデータフォーマットで符号化されている．一つのフォーマットのみでは，さまざまな業務や研究に適切に対応できないからである．一方，そのことは各種の地理データ同士に互換性がないことを意味する．

市販されている GIS ソフトウェアの多くは，AutoCAD Drawing (DWG) や AutoCAD Drawing Exchange Format (DXF)，Microstation Drawing File Format (DGN)， ESRI ArcView GIS (Shapefile)，Vector Product Format (VPF)，そして多くの画像ファイルを直接に読み込むことができる．しかし，

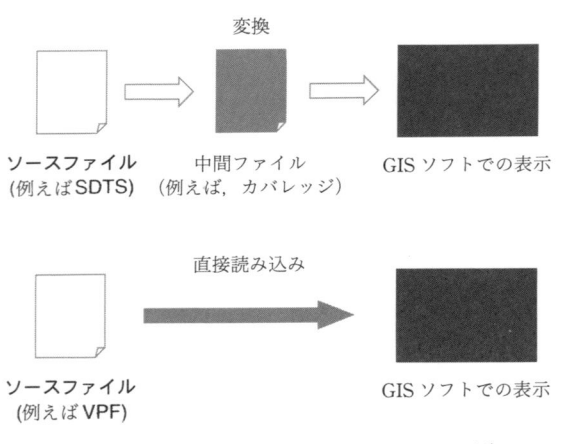

図 3.20 地理データの変換 (Longley, et al., 2001)[3]

表 3.7 一般的な地理データフォーマット (Longley, et al., 2001)[3]

ベクターデータ	ラスターデータ
Automated Mapping Systems (AMS)	Arc Digitized Raster Graphics (ADRG)
ESRI Coverage	Band Interleaved by Line (BIL)
Computer Graphics Metafile (CGM)	Band Interleaved by Pixel (BIP)
Digital Feature Analysis Data (DFAD)	Band SeQuential (BSQ)
Encapsulated Postscript (EPS)	Windows Bitmap (BMP)
Microstation Drawing File Format (DGN)	Device-Independent Bitmap (DIP)
Dual Independent Map Encoding (DIME)	Compressed Arc Digitized Raster Graphics (CADRG)
Digital Line Graph (DLG)	
AutoCAD Drawing Exchange Format (DXF)	Controlled Image Base (CIB)
AutoCAD Drawing (DWG)	Digital Terrain Elevation Data (DTED)
Map Base file (ETAK)	ERMapper
ESRI Geodatabase	Graphics Interchange Format (GIF)
Land Use and Land Cover Data (GIRAS)	ERDAS IMAGINE (IMG)
Interactive Graphic Design Software (IGDS)	ERDAS 7.5 (GIS)
Initial Graphics Exchange Standard (IGES)	ESRI GRID file (GRID)
Map Information Assembly Display System (MIADS)	JPEG File Interchange Format (JFIF)
	Multi-resolution Seamless Image Database (MrSID)
MOSS Export File (MOSS)	
TIGER/Line file: Topologically Integrated Geographic Encoding and Referencing (TIGER)	Tag Image File Format (TIFF; GeoTIFF tags are supported)
	Portable Network Graphis (PNG)
Spatial Data Transfer Standard/Topological Vector Profile (SDTS/TVP)	
ESRI ArcView GIS (Shapefile)	
Vector Product Format (VPF)	
UK National Transfer Format (NTF)	

Spatial Data Transfer Standard/Topological Vector Profile (SDTS/TVP) や UK National Transfer Format (NTF) などは，交換目的のために設定されており，中間ファイルフォーマットを経由して GIS ソフトウェア上で分析・視覚化される（図3.20）．なお，今日の GIS ソフトウェア上で広く使用されているデータフォーマットを表3.7に示す． 〔鈴木厚志〕

文　献

1) 鈴木厚志訳 (2000)：地理情報システムと地図．地図学—空間データの視覚化—（クラーク, M. J., オルメリング, F. J. 著, 金澤 敬監訳), pp. 122-140, GIS World 日本語版, 表現研究所 [Kraak, M. J. and Ormeling, F. J. (1996): *Cartography : Visualization of Spatial Data*, pp. 1-22, Longman].

2) Delaney, J. (1999): *Geographical Information Systems : an Introduction*, Oxford University Press.
3) Longley, P. A., Goodchild, M. F., Maguire, D. J. and Rhind, D. W. (2001): *Geographic Information Systems and Science*, John Wiley & Sons.
4) スター, J., エステス, J. 著, 岡部篤行・貞広幸雄・今井 修訳 (1992):入門地理情報システム, 共立出版 [Star, J. and Estes, J. (1990): *Geographic Information Systems : an Introduction*, Prentice-Hall].
5) 太田 弘訳 (2000):GISの応用;どんな地図を使うか?. 地図学—空間データの視覚化—(クラーク, M. J., オルメリング, F. J. 著, 金澤 敬監訳), pp. 114-128, GIS World 日本語版, 表現研究所 [Kraak, M. J. and Ormeling, F. J. (1996): *Cartography : Visualization of Spatial Data*, pp. 55-76, Longman].
6) Zeiler, M. (1999): *Modeling Our World : The ESRI Guide to Geodatabase Design*, ESRI Press.
7) Jones, C. (1997): *Geographical Information Systems and Computer Cartography*, pp. 48-54, Longman.
8) 東明佐久良 (2002):完全図解ビジュアルGIS, オーム社.
9) 野上道男 (2001):地理的世界の表現法. 地理情報学入門 (野上道男・岡部篤行・貞広幸雄・隈元崇・西川 治著), pp. 10-21, 東京大学出版会.
10) 村井俊治 (1999):空間情報工学, 社団法人日本測量協会.
11) 地理情報標準 (第2版), http://www.gsi.go.jp/GIS/stdindex.html を参照.
12) Chrisman, N. (1997): *Exploring Geographic Information Systems*, John Wiley & Sons.
13) 鈴木厚志訳 (2000):データの取得. 地図学—空間データの視覚化—(クラーク, M. J., オルメリング, F. J. 著, 金澤 敬監訳), pp. 122-140, GIS World 日本語版, 表現研究所 [Kraak, M. J. and Ormeling, F. J. (1996): *Cartography : Visualization of Spatial Data*, pp. 23-39, Longman].
14) 日本リモートセンシング研究会 (1996):わかりやすいリモートセンシングと地理情報システム, pp. 40-68, 宇宙開発事業団.
15) 財団法人日本地図センター (2003):新版 地図と測量のQ & A, pp. 70-75, 財団法人日本地図センター.
16) 建設省国土地理院 (1995):平成6年国土基本図図式, 社団法人日本測量協会.
17) Herzog, D. (2003): *Mapping the News : Case Studies in GIS and Journalism*, pp. 137-147, ESRI Press.

4

GISによる地理的事象の空間解析

　地理学において計量的な空間解析を行う際に，従来は，多変量解析や時空間系列モデル，シミュレーションなどの，計量地理学や地域分析の数量的な方法を採用してきた[1]．しかし，それらの方法では，地理的事象の特徴は数量的に明らかになるが，事象が存在する地球表面での位置とその位置に関わる空間的関係を正確に表示・検証することはできない．それを可能にするのが地図と主題図の応用である．地図は地表の形態とそこに分布する事象を縮尺に応じて表現するものである．地図を読む人は，事象の位置だけでなくその空間的関係をも概ね把握することができる．

　近年，GISの普及にともない，従来の紙地図が徐々にデジタル電子地図に取って代わられつつある．国土地理院によって整備された数値地図2500（空間データ基盤）や50mメッシュ（標高）などがその代表的なものである．また，主題図は地図を基図として，地理的事象の属性をもとに，ある特定の主題について詳しく表示したものである．例えば，国土交通省の作成する植生図，土壌分布図，国土地理院の作成する土地利用図，総務省統計局の作成する人口分布図などは広く利用されている．その一方，GISは，地図データと属性データをコンピュータで一元的に管理し，幾何的な測定やオーバーレイ，バッファリングなどの基本的なデータ管理・操作・表示の機能を備えている．GISの利用者はこれらの機能を駆使して空間データ処理・解析を行い，その結果を地図や主題図の形式でスクリーンに直接表示したり，プロッターやプリンターなどの出力装置を通して用紙上に印刷する．そのような空間データの可視化によって，空間解析の結果を瞬時に把握できるし，解析のプロセスを随時修正することが可能である．GISは従来の空間解析の効率を飛躍的に高めている[2],[3]．

　本章では，人口重心移動やチェーン型商業施設の立地，住宅密度分布，居住環

境評価などさまざまな事例を取り上げて，GIS を活用した地理的事象の空間解析を解説する．

4.1 空間的平均と人口重心の移動

地表上に立地する地理的事象は，研究対象とする地域の規模によって，点と線と面の3種類に識別することができる．GIS においては，地理的事象が線や面フィーチャ（地物）で示すにはあまりにも小さいとき，点フィーチャとして表示される．例えば，建物は 500 分の 1 の地図上では面として表示されているが，5万分の 1 の地図上では点として認識される．さらに，点は，個々の街区や建物，工場などの空間位置を表したり，その街区の人口，建物の構造，工場の生産高という属性を持つものもある．前者は事象の位置情報のみを，後者は位置を所与のものとして事象の属性情報を持ち，一般に重み付け点と呼ばれる．

4.1.1 空間的平均の定義

図 4.1 に示されるように，辺長 1 単位の四つの正方形小区域（グリッド）はそれぞれ属性値 (1, 3, 4, 4) を持つ．すべての組合せで 12 個の分布パターンが現れるが，その小区域の位置を考慮しないと，各分布の属性の平均値はすべて 3 とな

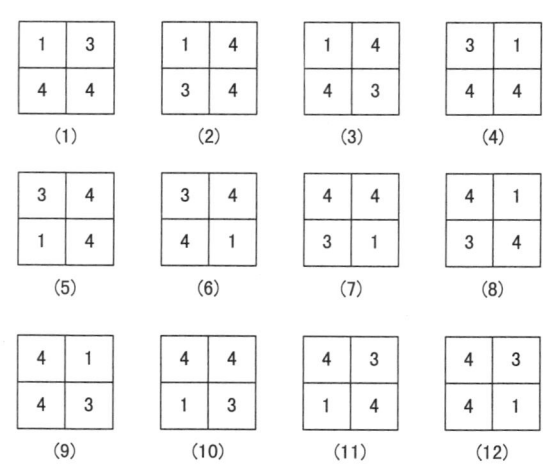

図 4.1 仮説的な地域分布

4.1 空間的平均と人口重心の移動

る．しかし，小区域の位置を考慮する場合，仮に直角座標系の原点を左下角に置いて座標軸 OX と OY を引くと，四つの小区域の中心点座標 (x_i, y_i) はそれぞれ (1/2,1/2)，(3/2,1/2)，(1/2,3/2)，(3/2,3/2) になる．さらに属性の値が小区域の中心点にあると仮定すれば，各分布の空間的平均（spatial mean）は次式のように定義される．

$$\bar{x} = \frac{\sum_{i=1}^{n} p_i x_i}{\sum_{i=1}^{n} p_i}, \qquad \bar{y} = \frac{\sum_{i=1}^{n} p_i y_i}{\sum_{i=1}^{n} p_i} \tag{4.1}$$

この式に示されるように，空間的平均は地理的事象の属性値だけでなく，その位置にも関わっており，重心とも呼ばれる．

図 4.1 の (1) に示された地域分布の空間的平均を求めてみよう．まず，OX 座標軸の方向で小区域中心点の x 座標とその属性値 p を乗じてその合計値を属性値の合計で除すれば，x 座標に関する平均値が得られる．

$$\bar{x} = ((1+4) \times 1/2 + (3+4) \times 3/2)/12 = 1.08$$

同様に，y 座標は以下の通りである．

$$\bar{y} = ((4+4) \times 1/2 + (1+3) \times 3/2)/12 = 0.83$$

したがって，図 4.1(1) の空間的平均は (1.08, 0.83) である．残る 11 個の分布

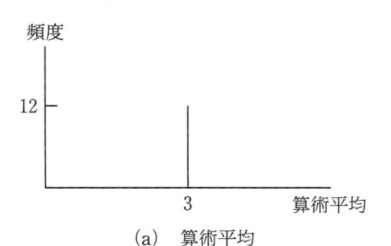

図 4.2 平均の頻度分布

の空間的平均をすべて算出すると，分布(1)から(12)まで順次に (1.08,0.83)，(1.17,0.92)，(1.08,0.92)，(0.92,0.83)，(1.17,1.08)，(0.92,1.08)，(0.92,1.17)，(0.92,0.92)，(0.83,0.92)，(1.08,1.17)，(1.08,1.08)，(0.83,1.08) になる．さらに，前記の属性の算術平均（＝3）とこれらの空間的平均を頻度分布図に表すと，図 4.2 になる．算術平均の場合は 12 個の分布がすべて一つの属性の平均値に集中する（図 4.2(a)）のに対して，空間的平均の場合は 12 個の分布が四つの平均座標値に対称的に分布している（図 4.2(b)）．

4.1.2 人口重心の移動

地理学においては，いろいろな地理的事象の重心，中でも人口重心の表示に空間的平均がよく利用される．総務省統計局は 1950 年以来，毎回の国勢調査に際して日本全国の人口重心を計測し公表している[4]．図 4.3 をみると，日本の人口

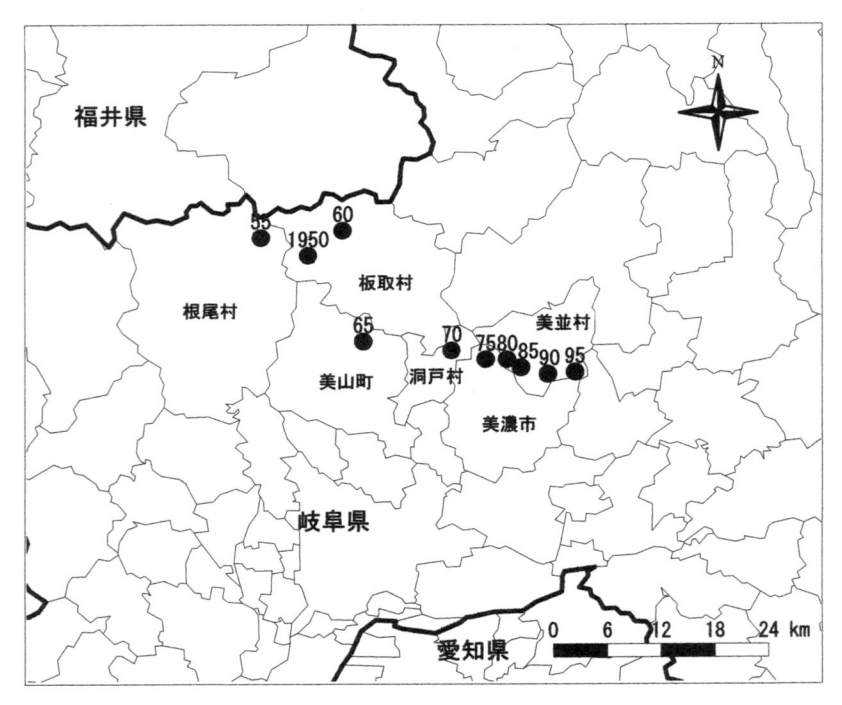

図 4.3 日本における人口重心の移動

重心が1965～95年に東南東の方向へ進んでいることがわかる．米国でもセンサスにおいて1870年以来の人口重心が発表されている．図4.4にみられるように，合衆国の人口重心は1950年以前，西へ移動してきたが，その後，移動の向きを西南西の方向にやや転じている[5]．

ところで，人口重心を計測する時に最も困難なことは，不規則な形状の行政区域の中心地点とその座標 (x_i, y_i) を一つ一つ測る作業であろう．GISでは，行政区域の中心地点が点フィーチャとされ，一組の経緯度 (ϕ_i, λ_i) あるいは平面直角座標 (x_i, y_i) で表される．したがって，GISを用いれば人口重心を簡単に求めることが可能である．近年，総務省統計局はGISを国勢調査に導入して統計情報の加工，分析，提供を行っている．日本の人口重心の計測に関しても，GISを用いてまず市区町村別の人口をもとに都道府県の人口重心を求めて，次にこれらの重心位置を都道府県の中心として，日本全国の人口重心を導出している．その際，各市区役所および各町村役場の位置を便宜上市区町村の中心とみなしている．

図 4.4 米国における人口重心の移動（Plane and Rogerson, 1994）[5]

4.2 距離測定機能と点パターン分析

現実世界における点フィーチャは，図 4.5 に示されるように，凝集，ランダム，均等という三つの典型的な点分布パターンに大別される．凝集型は点が地域の一定部分に集中している状態であり，均等型は点が互いにある程度の間隔を保ちながら分布している状態であり，完全ランダム分布とは点と点の間隔がランダムであり，すべての点が地域のどの場所にも同じ確率で置かれる状態である．

点フィーチャが地域にどのように分布しているかを解明するのが，いわゆる点パターン分析である．その一つに最近隣距離と呼ばれる分析法がある．この方法は，生態学者が植生群落や動物集団の分布を測定するために開発したものであり，観察された点の間の最近隣距離に着目し，点パターンがランダムパターンからどの程度離れているかを比較する．

4.2.1 最近隣距離法

この点パターン分析法では，まず，各点から最近隣点までの距離 d_i を測定し，その平均値を計算する．すなわち

$$r = \left(\sum_{i=1}^{N} d_i\right) / N \tag{4.2}$$

ここで，N は点の数，r は最近隣距離である．次に，観測された点パターンがランダムパターンからのずれを示す測度，いわゆる最近隣指数 R は次のように定義される．

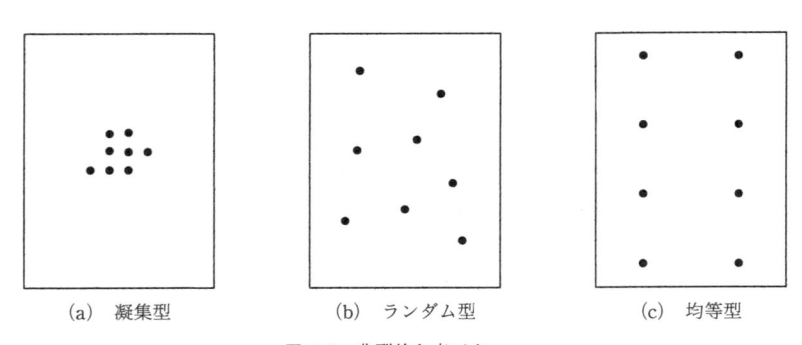

(a) 凝集型　　(b) ランダム型　　(c) 均等型

図 4.5 典型的な点パターン

$$R = \frac{r}{E(r)} \tag{4.3}$$

ただし，$E(r)$ は最近隣距離 r の期待値であり，次式で表される．

$$E(r) = \frac{1}{2\sqrt{N/A}} \tag{4.4}$$

ここで A は分布地域の面積である．最近隣指数 R 値の範囲は 0 から 2.149 である．すべての点の分布が一点に集中する，つまり完全な凝集の場合には $r=0$ なので，$R=0$ となる．点の分布が完全にランダムな場合には $r=E(r)$ なので，$R=1$ となる．最近隣点までの距離がすべて同一，すなわち完全な均等分布の場合には $R=2.149$ になる．

4.2.2 距離測定

最近隣距離法による点パターンを解析する際に煩雑なのは，最近隣点を探ることである．すべての点と点の間の距離を測定し，その中から各点と最近隣点までの距離を求める作業が必要になる．これらの空間演算は GIS の距離測定機能を使えば容易である．点と点の間の直線距離（ユークリッド距離）は次式のように求められる．

$$d_{ij} = \sqrt{(x_i - x_j)^2 + (y_i - y_j)^2} \tag{4.5}$$

図 4.6 は $P_1(1,1)$ と $P_2(5,4)$ の 2 点からなる線分である．式 (4.5) を用いて計算すると，

$$d_{12} = \sqrt{(5-1)^2 + (4-1)^2} = 5$$

つまり，この 2 点間の直線距離は 5 である．

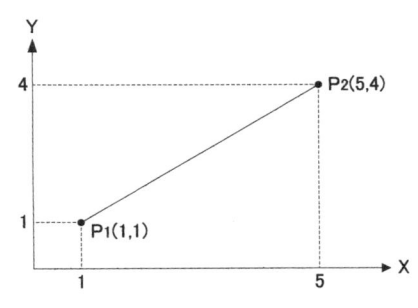

図 4.6 2 点からなる線分

4.2.3 チェーン型商業施設の立地分析

近年，コンビニエンスストアやファーストフード店などのチェーン型の店舗が増加しつつある．これらの立地傾向を知ることは，店舗間の競合の現況調査や今後の出店計画に不可欠であろう．チェーン型商業施設の分布パターンに関する立地分析の手法としては，最近隣指数がよく利用されている．本項では，千葉県市川市のコンビニエンスストアを点フィーチャとしてその分布パターンを解析してみよう．

まず，コンビニエンスストアの店舗位置を特定するために，NTT タウンページに掲載されているコンビニエンスストアの一覧を利用し，GIS で国土地理院の数値地図 2500 を用いてアドレスマッチングを行い，市川市におけるコンビニエンスストアの分布図を作成する（図 4.7）．

一般には，コンビニエンスストアは店舗の間で質的差がほとんどなく，消費者は最寄り店を選択する傾向が強い．この場合，消費者が店舗へ実際に移動するの

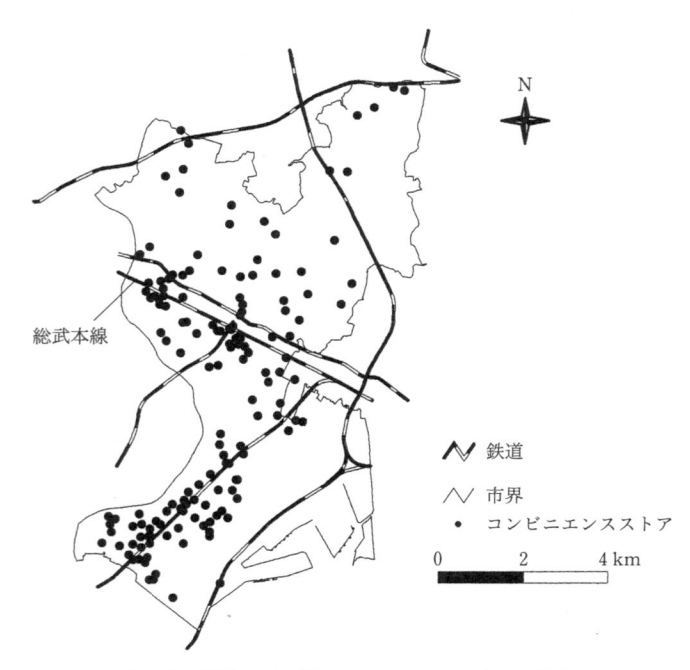

図 4.7 市川市におけるコンビニエンスストアの分布

表 4.1 市川市におけるコンビニエンスストア

	コンビニエンスストア	店舗数
1	セブンイレブン	36
2	サンクス	17
3	デイリーヤマザキ	16
4	ローソン	15
5	エーエム・ピーエム	13
6	ミニストップ	13
7	ファミリーマート	9
8	スリーエフ	6
9	くらしハウス	5
10	ジャストスポット	3
11	その他	23
計		156

は道路ネットワーク距離と考えられる．しかし，ネットワーク距離とユークリッド距離との相関は一般に極めて高く[6]，また，ユークリッド距離を用いた分析の方がよりしやすい．したがって，ここでは，コンビニエンスストアの店舗間の最近隣距離をユークリッド距離にする．

コンビニエンスストアの位置座標をもとに最近隣指数 R を計算すると，0.749 になり，R＝1（完全なランダム分布）よりかなり小さいので，これは凝集型分布パターンに近いといえる．図 4.7 にみられるように，市川市においてコンビニエンスストアは概ね総武本線や京成線，東西線などの主要な鉄道沿線に集中的に分布し，海岸沿いや市の東北部の広大な地域には立地していないことがわかる．さらに，各チェーンをみてみると（表 4.1），店舗が計 156 軒あり，そのうちセブンイレブン・サンクス・デイリーヤマザキ・ローソンなど六つのチェーンが 110 軒の店舗を有し全店舗数の 7 割を占めている．以上の分析によって，市川市におけるコンビニエンスストアは，位置・店舗数ともに凝集的な点フィーチャの集まりであることが判明した．

4.3 コロプレス地図作成機能と空間的属性の分類

GIS においては，地表に存在する商店，工場，住宅，道路，河川，行政区域などの空間実体は，地図の縮尺によって点・線・面フィーチャに分類され，それ

ぞれの位置が明確に表示されるし，商店の従業員人数，工場の生産高，住宅の面積，道路の交通量，川の流量，行政区域の人口密度などといったフィーチャの属性を管理することも可能である．一般には，このような点・線・面フィーチャとリンクする属性を空間的主題属性という（以下，空間的属性と略記）．

　地理学においては，空間的属性が詳し過ぎて理解しにくい場合に，分類しコロプレス地図（choropleth map）で表現する．一般に，コロプレス地図では，既存の行政区域や統計区などが単位地区とされ，異なる濃淡や色，模様によって単位地区の属性値が視覚的に表現される．空間的属性分類には，等間隔，等度数，等面積，標準偏差，自然な切れ目などの分類法がある．現在のGISは，各種の分類法，任意のクラス数，さまざまな色と模様を用いて空間的属性のコロプレス地図を作成するための，データグラデーションとシンボル化機能を持っている．この機能を使用すれば，さまざまなコロプレス地図を作成できるし，空間的属性データを探索，理解，分析するといった高度な処理も可能である．以下では，空間的属性分類の代表的な方法を紹介しよう．

4.3.1　分　類　法

　空間的属性を分類する前に，データの度数分布をきちんと見極めた上で分類法を選定することが肝心である．ここでは，図4.8に示されるように，一様，正規，多数個の極値という三つのデータ度数分布パターンを取り上げ，それらに対応する分類法を説明しよう．

a.　等間隔分類

　この分類法は一様（均等）に分布する属性データ（図4.8(a)）に最も適している．具体的には，まず，データセットの最大値と最小値を見定め，最大値と最小値の差をクラスの数で割ってクラスの境界を求める．次に，データを等間隔の境界を持つクラスに帰属させてクラスターを形成し，各クラスターのデータ個数（度数）を算出する．第 k クラスの両側の境界は次式によって求められる．

$$\left[Z_{\min}+(k-1)\frac{Z_{\max}-Z_{\min}}{n},\quad Z_{\min}+k\frac{Z_{\max}-Z_{\min}}{n}\right] \quad (k=1,2,\cdots,n) \quad (4.7)$$

ここでは，$Z_{\max}$ と $Z_{\min}$ はそれぞれ属性データの最大値と最小値，n はクラスの数である．

(a) 一様　　(b) 正規　　(c) 多数個の極値

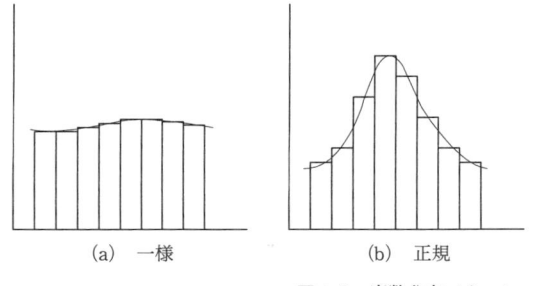

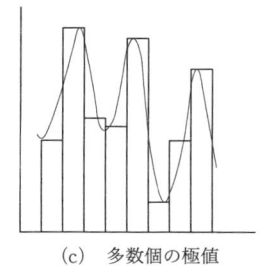

図 4.8　度数分布パターン

b. 等度数分類

これは各クラスになるべく等しい数のデータを含むように属性データをクラスに分割する方法である．例えば，クラスの数が4の場合，まず，データを順位付けて四分位数を求める．それから，中央，上位四分位，下位四分位をクラス境界にすれば，データを四つのクラスに等しい数で分割できる．等度数分類は，データ分布が一様でなく密集しているときに，等間隔分類では細部が分からなくなる場合に使う．

c. 等面積分類

これは各クラスに属する要素の面積の合計がほぼ等しくなるようにデータを分類する方法である．考え方は等度数分類と同じであるが，地図上に表現された分類の区域が均等になるような印象を視覚的に与えられる．

d. 標準偏差分類

この分類では，データの度数分布が図 4.8(b) のような正規分布あるいは正規分布に近い分布の場合，クラス間隔はデータの平均値 (m) を中心として標準偏差 (s) で決められる．例えば，$m-3s<m-2s<m-s<m<m+s<m+2s<m+3s$ のクラス境界を定めてデータを分割すると，八つのクラスができる．しかし，この分類法は大きく歪んでいるデータの度数分布には適合しない．

e. 自然な切れ目分類

図 4.8(c) には，データの度数分布に多数個の極値がある．その分布の特徴に応じてクラス境界を度数分布の切れ目に置いておき，データを二つ以上のクラスに分割する方法が自然な切れ目分類法である．しかし，クラスの境界は上記のような統計的方法によって求められたものでないため，一般に，個別のデータセッ

ト内にみられるグループや傾向を探して自然な切れ目を識別することによって各クラスの境界を定め，属性データをクラスに分割することになる．

4.3.2 ポリゴン面積測定

　GISにおいて人口密度や住宅密度などのコロプレス分布図を作成する際に，まずポリゴンとなる単位地区の面積を求めなければならない．そのとき，GISの面域測定機能を使えばポリゴンの面積を容易に測れる．

　既知のように，ベクターデータモデルでは，ポリゴンはその境界を構成する一組の平面直角座標 (x_i, y_i) で表示されるので，ポリゴンの面積はそれらの線分を規準とする台形によって計算される．図4.9においては，ポリゴン境界が7本の線分から構成され，各線分の終点が次の線分の起点と重なっているため，7本の線分が7個の点で定義される．まず，線分の端点から水平の X 軸へ2本の垂直線を引いて一つの台形を作成する．例えば，線分 P_1P_2 に対して台形 $P_1P_2X_2X_1$ が作成される．台形の面積は次式によって求められる．

$$A_{i+1,i} = \frac{(y_{i+1}+y_i)(x_{i+1}-x_i)}{2} \tag{4.8}$$

ここでの $A_{i+1,i}$ は線分 P_iP_{i+1} に対する台形の面積である．これらの台形の面積を合計すれば，ポリゴンの面積 (A) を求められる．すなわち，

$$A = \sum_{i=1}^{n} \frac{(y_{i+1}+y_i)(x_{i+1}-x_i)}{2} \tag{4.9}$$

ここで，$n+1$ は1にする．図4.9に示されたポリゴンを右回りに連続して囲むように線分を指定すると，P_4 以降の点の x 座標は $x_i > x_{i+1}$ のため，$x_{i+1}-x_i < 0$

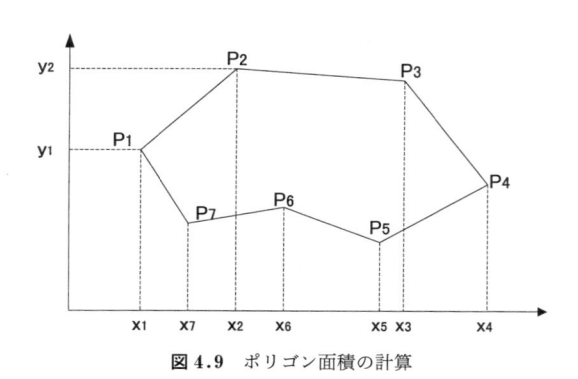

図4.9 ポリゴン面積の計算

になる．したがって，P_1P_2，P_2P_3，P_3P_4 に対する台形の面積が正の値，P_4P_5，P_5P_6，P_6P_7，P_7P_1 に対する台形の面積は負の値である．

4.3.3 住宅密度の分布

GIS のポリゴン面積測定機能とコロプレス地図作成機能を用いて，千葉県市川市の住宅密度分布図を作成してみよう．

住宅密度データの作成にあたっては，1995 年国勢調査の町丁別住宅延べ面積の集計データ（表 4.2 第 3 欄）を利用した．町丁面積は，その町丁の全域の土地面積とするのが通例である．しかし，河川，海浜，道路用地，鉄道用地など建築物の立地が不可能な土地も町丁面積に含めて算出された建築物密集度は，現実の建築物の立ち並びから受ける印象より小さい値を示すことがある．それゆえ，町丁の土地面積から住宅の立地が不可能な土地の面積（表 4.2 の第 5 欄）を除いて可住地面積を求め，住宅延べ面積と可住地面積をもとに住宅密度を算出する．GIS を用いた町丁別住宅密度の分布図の作成方法は，以下の通りである．

① 国土地理院の数値地図 2500 から町丁ポリゴンの図形データを抽出し，町丁界図を作成する．そして，GIS のポリゴン面積測定機能を用いて各町丁の面積を測定する（表 4.2 の第 4 欄）．

② 町丁別住宅延べ面積と可住地面積（＝土地面積－住宅不適地面積）をもとに，住宅密度（表 4.2 の第 6 欄）を算出する．

表 4.2 町丁別属性データ

ID	町丁	住宅延べ面積	土地面積	住宅不適地面積	住宅密度
1	国府台一丁目	26676	350132.0	20234	808.61
2	国府台二丁目	5208	280698.0	40490	216.81
3	国府台三丁目	33471	480727.0	90774	858.33
4	国府台四丁目	33487	188917.0	17439	1952.85
5	国府台五丁目	48641	208034.0	25508	2664.88
6	国府台六丁目	30200	127616.0	17648	2746.25
7	市川一丁目	71441	211278.0	38875	4143.84
8	市川二丁目	78557	224705.0	65493	4934.11
...	...	...	...	...	...
232	下妙典	283	491682.0	190246	9.39

（出典：1995 年国勢調査等による）
住宅延べ面積，土地面積，住宅不適地面積の単位は m^2 で，住宅密度単位は m^2/ha である．

③ GIS のコロプレス地図作成・表示機能を駆使して，住宅密度の分布図を作成する．

図 4.10 の A は自然な切れ目分類法によって作られた住宅密度の分布図である．市川市における住宅密度分布は，二つの高密度地域と二つの低密度地域から構成されている．すなわち，住宅の高密度地域は，市の中央部に位置する総武本線と京成線沿線地域および，市の南部に位置する東西線沿線の南行徳地域である．その一方，この二つの高密度地域の間，および市の沿岸地域と東北地域にそれぞれ低密度地域が分布している．このような住宅密度の形成要因としては，お

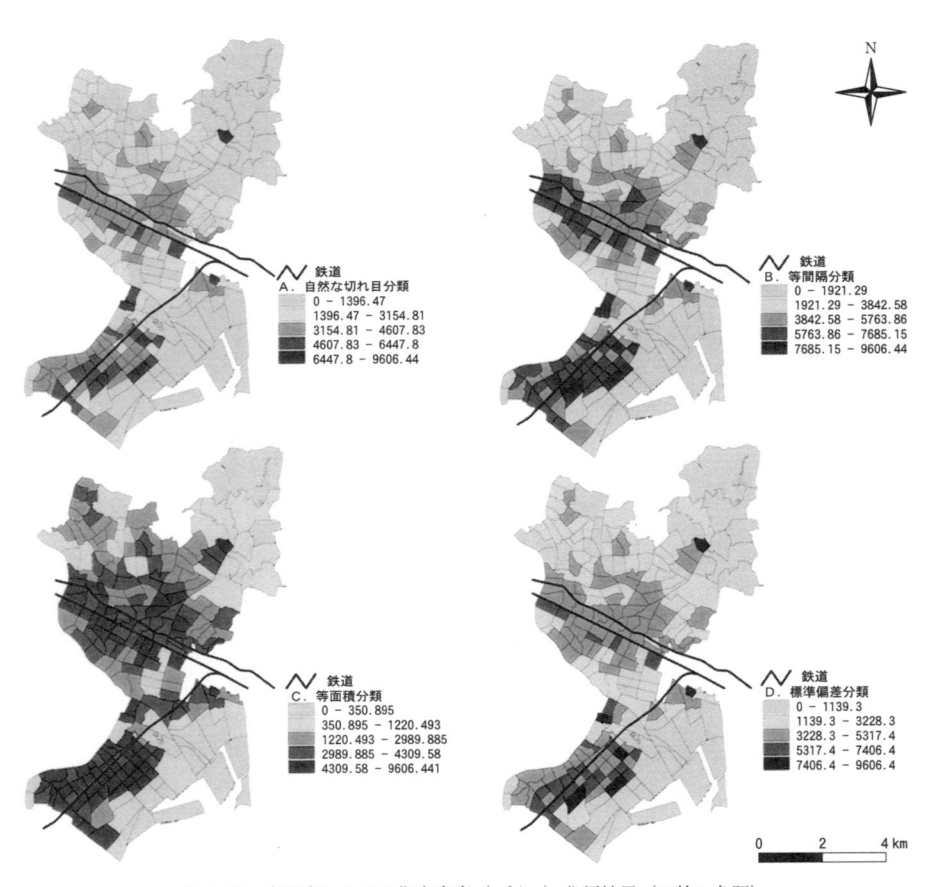

図 4.10　市川市における住宅密度（m^2/ha）分類結果（口絵 1 参照）

そらく，市川市が千葉県の中で最も東京の都心部に近いところに位置するため，東京居住者の外延的な拡散に強く影響され，電車を利用する通勤通学者により東京に隣接する近郊住宅地域が発展してきたからであろう．

図 4.10 の B では，住宅密度を等間隔の五つのクラスに区分している．クラス間隔は 1,921.29 である．図 4.10 の D は標準偏差に基づく分類法を適用したものである．住宅密度の平均値 $m(=3,228.3)$ を中心にして平均未満の地域を $0 \leqq <m-s$, $m-s \leqq <m$ に，平均以上の地域を $m \leqq <m+s$, $m+s \leqq <m+2s$, $m+2s \leqq$ に 5 区分する．ここで，標準偏差 $s=2,089$ である．この 2 枚の分布図を見比べると，等間隔法による値の大きい三つのクラスの地域は，標準偏差法による平均値以上の三つのクラスの地域とほぼ一致することが分かる．

図 4.10 の C には，クラス数を 5 とした等面積分類結果が示される．この分類結果は住宅密度の高い地域は他の分類法によって得られたそれより大きいとの印象を与える．

4.4 空間解析機能と居住環境評価への利用

GIS では，地物がレイヤー（画層）に分けられ記録される（図 4.11）．一般に，レイヤーは点・線・面といった単一の地図フィーチャからなり，同種の地図フィーチャでもそれに関連した属性が大きく異なる場合，それぞれに分けて地物別のレイヤーが作成される．例えば，小縮尺の地図では道路と河川はいずれも線フィーチャであるが，デジタル地図では別々のレイヤーとして記録される．

4.4.1 空間解析機能

GIS は点間の距離やポリゴンの面積を測る幾何学的な測定機能の他に，オーバーレイやバッファリングなどの空間解析機能を有している[7],[8]．

a. オーバーレイ

地図利用者が 2 枚以上の地図から情報を抽出しようとすることがしばしばある．例えば，ある種の土地利用が特定の地形上のどこに分布しているかを知りたいような場合である．手作業では，まず，トレーシングペーパーなどを用いて土地利用図を作り，これを透写台の上で地形図に重ね合わせ，土地利用とその地形上の分布を読み取る．この作業のプロセスを地図オーバーレイと呼ぶ．地図オー

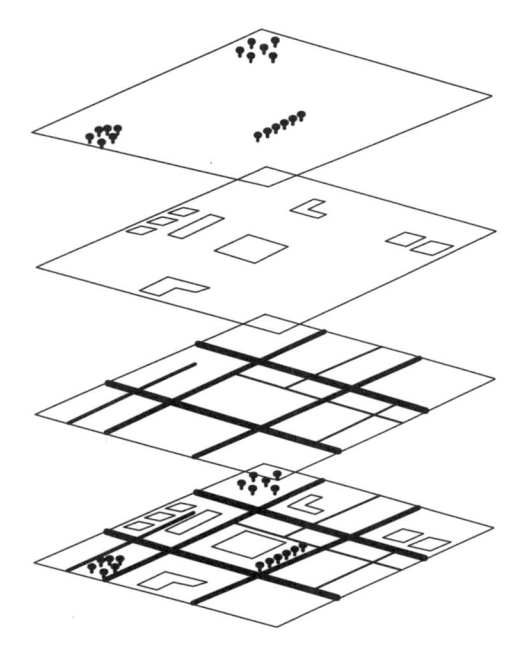

図 4.11 地図のレイヤー構造とオーバーレイ

バーレイは，地図が相互可視性を有するため，オーバーレイした各レイヤーで互いに情報を補完し合えることを利用する．同時に，地図オーバーレイによって，地域の現状をよりリアルに表現することもできる．図 4.11 のように，GIS のオーバーレイ操作により，道路，家屋，植生の数種類のレイヤーを 1 枚の地図にまとめて表示可能である．

b．バッファリング

バッファ（buffer）とは，地図フィーチャが周囲に影響を及ぼすと考えられるとき，その周りに設ける緩衝地域である．バッファ操作は点・線・面あらゆるフィーチャに適用される．図 4.12 が示すように，点から一定距離内に生成されるバッファはその点を中心にした円バッファである．線の周辺には帯状バッファ，面の外側にはポリゴンバッファがそれぞれ生成される．点・線・面フィーチャから生成されたバッファはいずれも面フィーチャといえる．

バッファ操作においては，バッファ区域の幅は対象となるフィーチャの属性によって決められる．例えば，商圏分析において，店舗の規模や来客者数によって

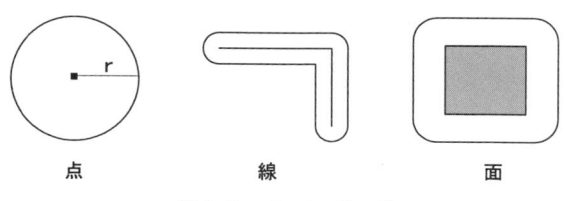

図4.12 バッファリング

商圏の大きさを設定することがある．大規模なショッピングセンターに大勢の買物客が遠くから来る場合，そのショッピングセンターを中心にした大きな商圏が設けられる．これに対して小さなコンビニエンスストアに周辺の住民しか来ない場合，小さな商圏が設定される．汚染被害の調査において，汚染発生源の強度によって，発生源を中心に汚染された地域を設定することがある．発生源の影響が小さければ小さいバッファ区域を設け，発生源の影響が大きくなればバッファ区域を拡大する．

4.4.2 居住環境評価の手順

従来，居住環境評価では，居住環境に関わるさまざまな自然・社会要素を調査分析した上で住宅地の適切性を評価することが多かった．上記のGISのオーバーレイやバッファリングなどの機能を利用すれば，地理情報の可視化の効果を最大限に活かせるので，その評価が効率的に行え，住宅適地をより客観的に抽出することができる．

居住環境評価は次の三つのステップで行われる．

① ステップ1：既存資料，基礎データをもとに地域の特徴を考慮した上で，土地の属性を表す地理的諸要素の中から住宅に関わるいろいろな側面と環境評価要素を検討する．

② ステップ2：既存資料，空中写真判読，現地調査によって基礎図を作成し，基礎データと基礎図から加工基礎図を作成する．基礎データをもとに計算処理を行って加工基礎図の図形データを得て，GISの解析機能と表示機能を用いて加工基礎図を作成する．

③ ステップ3：土地利用，建築，地域分析の各分野の専門家による検討結果に基づいて各評価要素の重要度を決定し，基礎図と加工基礎図の各レイヤーに重みをつけて居住環境評価図を作成する．

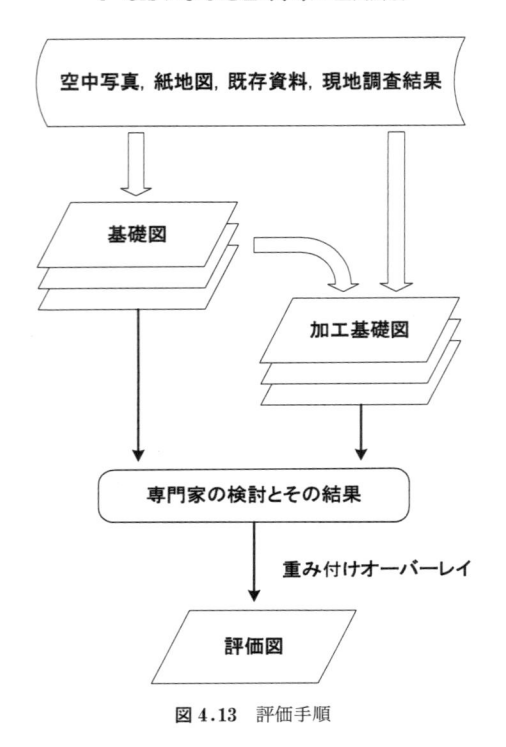

```
          空中写真, 紙地図, 既存資料, 現地調査結果
                    │              │
                    ▼              │
                  基礎図            │
                    │    ┐         │
                    │    └──►  加工基礎図
                    │              │
                    ▼              ▼
                  専門家の検討とその結果
                            │
                            │ 重み付けオーバーレイ
                            ▼
                          評価図
```

図 4.13 評価手順

その評価手順と評価手法をフローチャートにまとめると図4.13のようになる.

4.4.3 評価要素の検討

　GISを用いた居住環境の評価では，まず，住宅に関わる自然・社会の諸側面およびそれに関連する諸要素を検討しなければならない．さらに，GISを適用するためには，これらの要素を定量化するだけでなく，地図や主題図で表示することも必要である．一般に，居住環境評価に関する最も重要な側面は，対象地域内の土地利用現況，住宅建設の条件，環境と防災情況などである．

　土地利用現況の把握は，住宅用地の選定において重要であり，道路や河川などの居住不能地や法指定地のように規制を受ける場合は，それらの土地を居住環境評価対象から外さなければならない．

　住宅建設の条件に関しては，主に地形傾斜と地質という二つの要素を検討すべきである．地形は，住宅建設の難易度と経費を左右するばかりでなく，人間の生

活行動にも影響を与える．また斜面崩壊などの土砂災害発生に強く関与するため，安全性の面からも考慮が必要である．地質は，住宅の基礎を支える重要な要素であるが，低層住宅の場合は評価要素から省くこともある．

住宅地域の自然・社会環境については，気温，日照という気候要素や，主要道路や駅へのアクセスの便利さを考慮すべきである．気温は居住の快適性に強く関与する要素である．日照は居住性と保健衛生の重要な基準であり，その直接的な効果としては直射日光による健康の維持増進，殺菌作用などがあげられるが，間接的な効果としては採光，通風などの良好な居住環境の保持が考えられる．主要道路や駅へのアクセスは，人間の行動や生活の利便性に大きな影響を与え，良好な交通近接性は住宅を選択する上で重要な要素となる．なお，居住環境に影響する要素として，過去に災害履歴のある危険地帯，居住の快適性を害する高圧架空送電線やゴミ焼却施設なども考慮しなければならない．

居住環境評価に関する三つの側面を総合的に検討した結果，住宅適地の評価要素としては土地利用，法規制区域，地形傾斜，気温，日照，近接性，災害履歴，緩衝地帯という八つの項目が考えられる．

4.4.4 基礎図の作成

図 4.14 は土地利用分布図である．土地利用分布図の作成においては，既存の土地利用現況図から各種の土地利用区域をポリゴンとしてデジタイザーで入力する．そして，空中写真の判読を行って土地利用の変化した地域の最新情報を補足する．さらに既存の地図から，法規制を受けている地域の範囲を特定しポリゴンとして入力する．

標高データは，国土地理院がすでに 50 m メッシュを整備・発行しており，誰でも簡単に手に入る．50 m 以下の標高データについては，解析図化機を用いて空中写真から作成したり，レーザープロファイラという最新の標高計測機器を使って空中から地形を直接計測したりする方法がある．ここでは，20 m メッシュ標高データを 10 ランクに分けて図 4.15 のような段彩図を作る．

主要道路への近接性を測定するには道路地図が必要である．ここでは，道路地図から主要な道路を抽出し，線フィーチャとして入力する．図 4.16 は主要道路網図である．主要道路への近接性については各地点（グリッドで表示する）から道路への水平距離と傾斜によって評価点数を算出する．例えば，近接性の最も高

図 4.14 土地利用分布（口絵 2 参照）

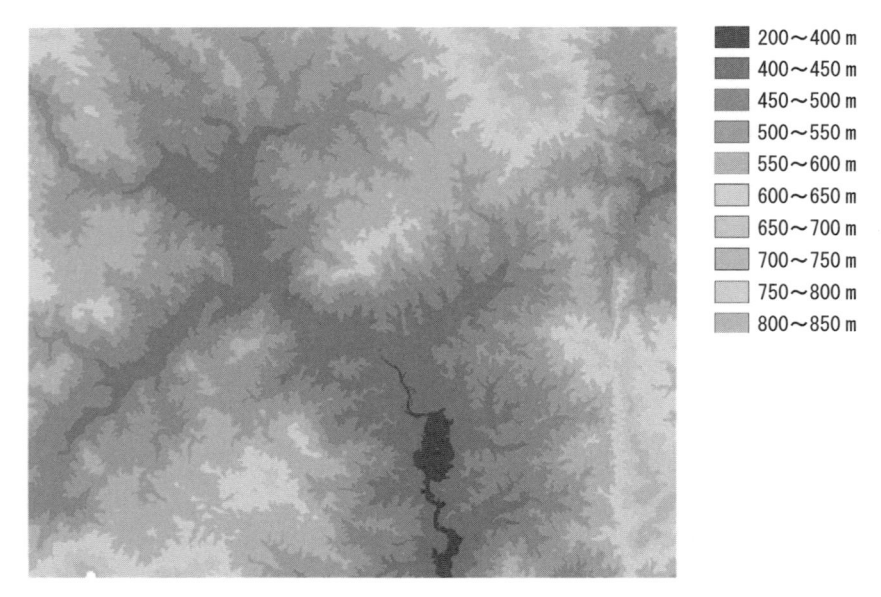

図 4.15 地形標高段彩図（口絵 3 参照）

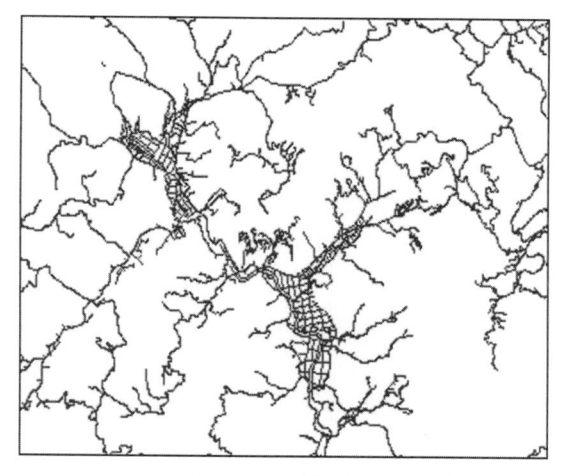

4.4 空間解析機能と居住環境評価への利用　　　　　　　　　　　　105

図 4.16　主要道路網図

い地点（グリッド）に 100 点を，最も低い地点（グリッド）に 0 点をそれぞれ与える．

4.4.5　加工基礎図の作成

　空間解析においては，すべての解析要素の基礎データと基礎図が直接手に入るわけではない．直接利用できる基礎データや地図がない場合，例えば，地形の傾斜度や傾斜方位をメッシュごとに測るのは非常に困難である．この場合，メッシュ標高データを利用する．気温と日照データも同じで，広い地域でも気象観測所がせいぜい数カ所しかないため，観測された気象データを使って気温と日照の分布図を直接作成するのは無理である．ここでは，気象データを参考にしながら，メッシュ標高データをもとにグリッドの気温と日照量を間接的に推定し，気温と日照の加工基礎図を作成しよう．

　傾斜度を算出するにあたっては，四つのグリッド（図 4.17 での太枠の部分）に対してその中で標高差が最も大きいグリッド間の傾斜度を計算する．ここでは，150 m と 130 m の間の標高差 20 m が最も大きいので，それを両グリッドの対角間の距離 28.3 m で除すると，傾斜度 35.2° が得られる．同様に，傾斜方位の計算では，四つのグリッドを結んだ斜面に対して法線ベクトルを求めて傾斜方位を算出する[9]．図 4.18 は，20 m グリッドの標高データから作成された地形の

180	170	160	150	140
170	170	160	160	140
160	150	150	140	130
150	140	140	130	120
140	120	110	110	100

図 4.17　20 m グリッド標高データ

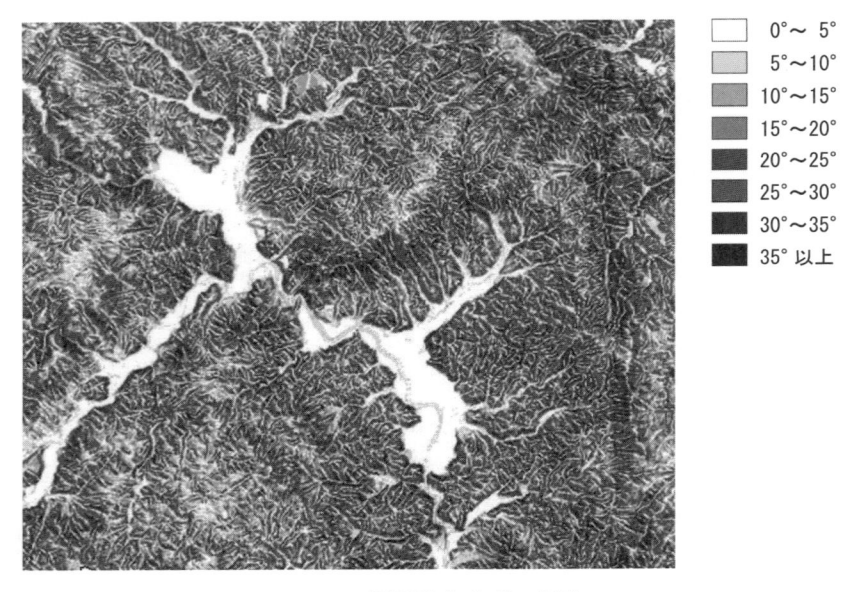

図 4.18　傾斜度分布（口絵 4 参照）

傾斜度の分布図であり，図 4.19 は傾斜方位の分布図である．

　住宅建設の基準により，高圧架空送電線ルートやゴミ焼却施設などの特殊施設の周辺には緩衝地帯を設けなければいけないので，ここでは，まず対象地域に記載されている高圧架空送電線ルートを線フィーチャとして，ゴミ焼却施設などの特殊施設を点フィーチャとして図形データベースに入力する．次に GIS の線と点のバッファリング機能を用いて送電線や特殊施設の周りに図 4.20 のような緩衝地帯を設定する．

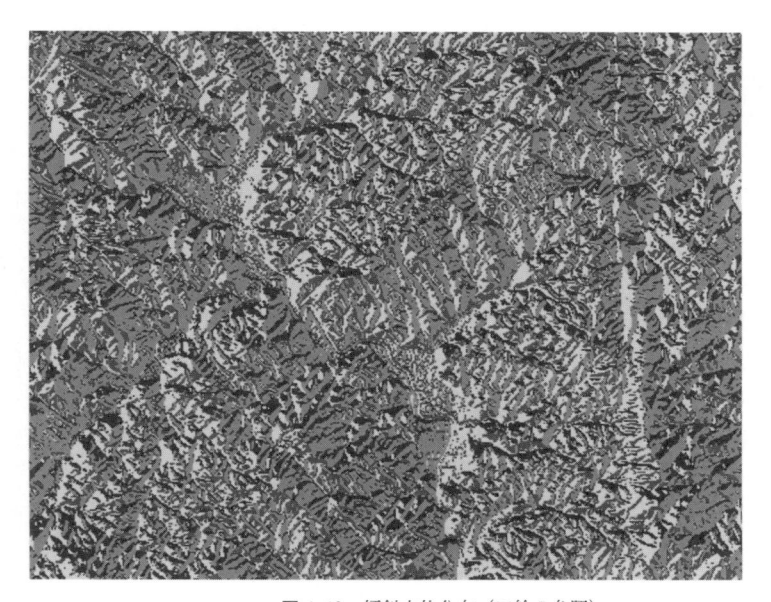

4.4 空間解析機能と居住環境評価への利用　　　　　　　　　　　　　　　107

■ 北
■ 東
■ 南
□ 西

図 4.19　傾斜方位分布（口絵 5 参照）

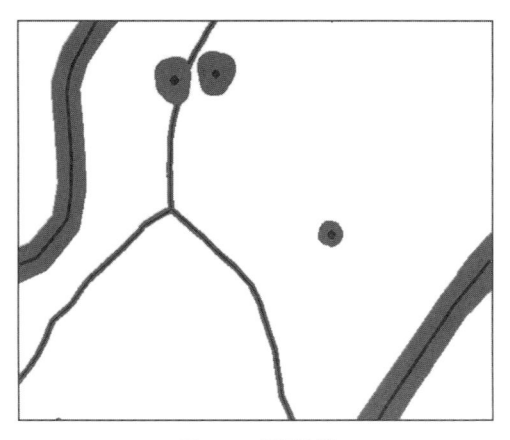

図 4.20　緩衝地帯

4.4.6 評価図の作成と評価結果

ラスターデータはグリッドあるいはピクセルという規則的形状の地理的単位からなり，地理事象の属性情報を直接記録する空間データである．すなわち，ラスターデータでは，属性情報が記載されているグリッドが上から下への行方向に，左から右への列方向に並び，その位置が行と列の番号で参照される．このような地理的単位はサイズと形状が同じであるので，空間分析に際して地理的単位を再調整せずに実体の空間的特徴を調べることができる．とくに同じ解像度のラスターデータのオーバーレイ操作は簡単であるため，ここでは，上記のすべての基礎図と加工基礎図をラスターデータに変換してグリッドの属性値を評価点数に置き換えることにする．例えば，土地利用図に対して草地のグリッドの属性値を100に，畑を60に，針葉林を40に，水田を20にそれぞれ入れ替える．緩衝地帯の場合は，緩衝地帯内のグリッドにノーデータ（OFF）を，そうではないグリッドに0を与えるようにして緩衝地帯を居住環境評価から除外する．

最後に，変換されたラスター型の基礎図と加工基礎図に対して，地域分析・計

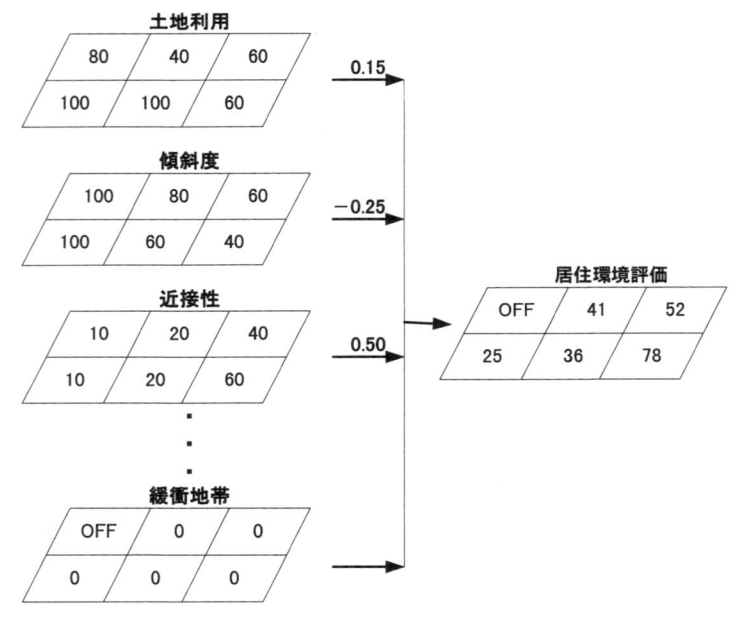

図 4.21　重み付けオーバーレイ

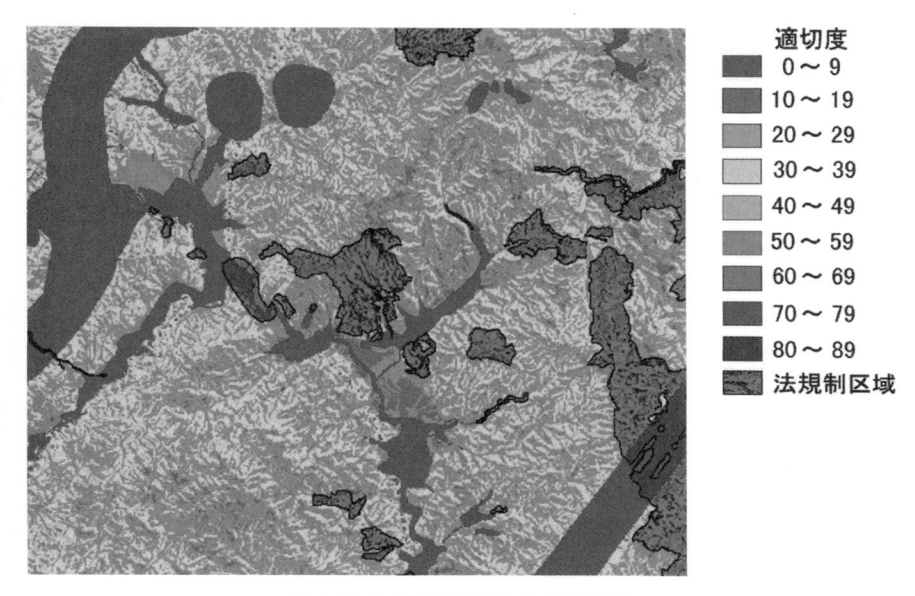

4.4 空間解析機能と居住環境評価への利用　　　　　　　　　　　　　　　109

図 4.22 居住環境評価図（口絵 6 参照）

画，建築などの専門家による検討を経て得られた各評価要素の重要度および居住環境に与えるプラスとマイナス影響に基づいて各図面に正と負の重みをつけ，GIS のオーバーレイ操作によって居住環境の最終評価図を作成する（図 4.21）．図 4.22 は居住環境評価の最終結果である．図 4.22 では，赤色の居住不適地と法規制区域を除いて，緑色の濃さによって住宅地としての適切さが示されている．濃い緑のグリッドは適切度の高い住宅地区で，薄緑のグリッドは適切度の低い住宅地区である．　　　　　　　　　　　　　　　　　　　　　　　〔張　長平〕

文　献

1) 奥野隆史（1977）：計量地理学の基礎，大明堂．
2) 高阪宏行・村山祐司編（2001）：GIS—地理学への貢献，古今書院．
3) 張　長平（2000）：空間データ分析と地理情報システム．地学雑誌，**109**：1-9．
4) 大友　篤（1997）：地域分析入門，東洋経済新報社．
5) Plane, D. and Rogerson, P.（1994）：*The Geographical Analysis of Population*, John Wiley & Sons.
6) 腰塚武志・小林純一（1983）：道路距離と直線距離．日本都市計画学会学術研究発表会論文集，**18**：43-48．
7) バーロー，P. A. 著，安仁屋政武・佐藤　亮訳（1990）：地理情報システムの原理　土地資源評価へ

の応用,古今書院 [Burrough, P. A. (1986): *Principles of Geographical Information Systems for Land Resources Assessment*, Oxford University Press].
8) Hohl, P. and Mayo, B. (1997): *Arcview GIS Exercise Book*, OnWord Press.
9) 張　長平 (2001):地理情報システムを用いた空間データ分析,古今書院.

5

ジオコンピュテーション

　ジオコンピュテーション（GC）は，1980年代後半に始まるGIS革命がほぼ落ち着いた1990年代中葉に，英国リーズ大学地理学部のオープンショウ（Openshaw）らによって提唱された新しい学問分野である．GCは，地理学あるいは地球システム（Geo）に関わる幅広い問題を研究するために，地理学をコンピュータ・サイエンスの一つとして展開しようとするもので，科学的な地理学の中で最も先進的かつ野心的な研究分野である[1]．

　地理学におけるGCの出現を理解するためには，GIS革命以前の人文地理学の状態がどのようなものであったのか，そしてまた，GCの推進者であるオープンショウの地理学観がどのようなものであったのか，を理解する必要がある．そこで，本章では，GCの誕生前，英国におけるGCの開花，GCの主要な研究テーマ，GCの今後の展開，を順に概説していくことにする．

5.1　GCの誕生前

5.1.1　1980年代までの人文地理学における計量地理学の位置

　戦後の地理学史の中で，計量地理学の果たしてきた役割は，物理学を頂点とする論理実証主義哲学に基づいた科学的な分析手法による地理学的研究の導入であった．1950年代後半の米国ワシントン大学に端を発するこの動向は，個性記述的な地理学を，法則定立的な地理学へと大きく変貌させた[2]．こうした変革は地理学における計量革命と呼ばれ，英国ではとくに，「新しい地理学（New Geography）」として，1960年代に広く展開していくことになる．

　その後，計量地理学は，統計的手法を用いた統計地理学に加え，数学的手法を用いた数理地理学とともに発展していく[3]．前者は，主に地理行列へ多変量解析

などの記述統計学的手法を適用したもので，中心地理論や機能地域研究[4]，交通ネットワーク分析[5]など，人文地理学のあらゆる分野で繰り広げられる[6]．そして，さらに空間的パターンから空間的プロセスへと研究視点が移行しながら[7]，空間的拡散研究[8]や，主体となる個人の意思決定プロセスのモデル化に代表される行動地理学的研究[9]，そして，メンタルマップ（頭の中の地図）に代表されるような空間認知研究[10]が展開していくことになる．1970年代前半に顕在化した，一般的な統計学的手法を地理学的データに適用する際に生じるさまざまな問題，例えば空間的自己相関の存在など[11]は，時空間系列モデル研究[12]や空間統計学[13],[14]としてさらに深化することになる．

一方，後者の数理地理学的研究は，ウィルソン（Wilson）[15]のエントロピー最大化空間的相互作用モデル以降，ローリー（Lowry）モデル[16]に代表される都市モデル研究[17]～[19]，離散的選択モデルや一般化線形モデルとしての空間的相互作用モデルの精緻化[20]，さらには，空間的相互作用モデルと古典的な立地論との統合へと発展した[21],[22]．また，最適化問題としての立地・配分モデル[23]や，時間地理学の枠組みを操作化したシミュレーション研究[24]，都市の動態的な発展をシミュレートする自己組織化モデル[25]などが，数学的モデルに基づく理論的な地理学的研究として発展していった．

その成果は，地理学の主要な学会誌である *AAAG* や *Transactions* はもちろん，*Environment and Planning A* や *Geographical Analysis* などの計量地理学の専門誌に発表され，ハゲット（Haggett）ら[26]，ウィルソンとベネット（Bennett）[27]，グールド（Gould）[28]などによる計量地理学の入門書も多数出版された．

このように計量地理学は人文地理学の中で着実に発展してきたものの[29]，1970年代に入るとさまざまな形で批判されていくことになる[30]～[32]．その背景には，計量地理学を支える認識論である論理実証主義的立場に対する幻滅感や，マルクス主義，ポストモダニズム，構造主義，人文主義といったさまざまな新しいパラダイムの共存した成長がみられる[2]．ただし，こうした動向は主に人文地理学でのものであり，自然地理学においてはより自然科学としての色彩が強まり，人文地理学と自然地理学の乖離を一段と深めていく．したがって，1970～80年代の計量地理学は，混迷する人文地理学の中で競合する他のパラダイムと並存して展開していくことになる[2]．

しかしながら，人文地理学において分裂した複数パラダイム間の会話は，初期における，主に非計量地理学者（その多くは計量地理学からの転身者）からの，計量地理学批判に対するもの（例えば，セイヤー（Sayer）[31]に対するウィルソン[33]の返答など）以外はほとんどみられなかった．その後，1980年代後半に，チョーリー（Chorley）とハゲット編『*Models in Geography*』[34]の出版20周年を記念して行われたシンポジウムをまとめたマクミラン（Macmillan）編『*Remodelling Geography*』[35]や，政治・経済の視点からの新しい地理学のモデルを模索したピート（Peet）とスリフト（Thrift）の『*New Models in Geography*』[36]などにおいて，同じ本の中でそれぞれの認識論の立場からの主張が展開されたが，計量地理学者と非計量地理学者の溝が埋まることはなかった[37]．

さらにそこでは，同じ計量地理学者の中にあっても，演繹的な理論を追及する者[38],[39]と，より帰納的に地理学的データから価値あるいは意味のあるものを見つけ出そうとする者[40]との違いもみられるようになった．後者は，社会に対する貢献を重視する応用地理学的分析の必要性とも相まって，GIS研究と結び付いていくことになる[41]．こうした混沌とした人文地理学の展開の中で，1980年代後半には，GIS革命が着実に進行していった[42]．

5.1.2 GIS 革命の展開

GIS革命は，人文地理学だけが推進力となって展開したのではなく，デジタル地図を用いるあらゆる学問分野・産業が関わった一大革命であった．その飛躍的な発展に関しては，1980年代後半に，公的基金によって相次いで設立された，米国のNCGIA（National Center for Geographic Information and Analysis）や英国のRRL（Regional Research Laboratory）で展開するさまざまな研究プロジェクトが重要な役割を担うことになる．以下では，主にGIS革命に大きく関わり，かつGCの展開を推進している計量地理学者に注目しながら，GIS革命の展開を概観する[43]．

米国のNCGIAは，カリフォルニア大学サンタバーバラ校，ニューヨーク州立大学バッファロー校，メイン大学の三つを中心とするコンソーシアムである[44]．その中心となったのは，サンタバーバラ校のグッドチャイルド（Goodchild）である．彼は，1965年に英国ケンブリッジ大学物理学科を卒業後，1969年にカナダのマクマスター大学地理学部で学位を取得し，地理学者となる．ウェ

スタンオンタリオ大学地理学部で准教授・教授を経て，1989年からカリフォルニア大学サンタバーバラ校地理学部へ移った．そして同時に，NCGIAの代表者の1人となり，1991年から1996年までNCGIAの総代表の地位に就き，世界のGIS研究を先導している．彼は，1970年代から立地・配分モデル研究などを精力的に行ってきた計量地理学者であった．この他にも，バッファロー校では，英国において都市モデル研究の後，フラクタル研究を行っていたバティ（Batty），空間的相互作用モデルを精力的に展開していたフォザリンガム（Fotheringham）などの計量地理学者が，NCGIAの研究プロジェクトの中心メンバーとして活躍していた[45]．

一方，英国のRRLでは，1987年2月から1988年10月までのトライアル・フェーズに四つのRRL（スコットランド，北部イングランド，ウェールズ・南西イングランド，南東イングランド）が設置され，地域別のデータベースの作成・管理，分析システムの開発，GIS研究の普及と教育，が目的とされた．そして，さらに四つのRRL（北アイルランド，北東イングランド，ミッドランド，リバプール・マンチェスター）を加えたメイン・フェーズが，地域センターの確立とGISの応用研究を目的として，1991年12月まで続けられた[46]．

地理学部としてRRLに積極的に参画したのは，エディンバラ大学，レスター大学，ニューカッスル大学，ランカスター大学，LSE（London School of Economics）などであり，計量地理学に関わる分野では，ニューカッスル大学がその中心にあったといえる．また，RRLには参画しなかったものの，ウィルソンが所属するリーズ大学では，クラーク（Clarke）やバーキン（Birkin）らを中心にGISや空間分析に特化したコンサルティング会社であるGMAP社を設立した．そこでは，それまでのリーズ大学地理学部で展開してきた理論地理学的研究を，民間企業のコンサルティング業務に応用し，大きな成果を収めた[47],[48]．

1988〜97年にNCGIAで展開された19の主要な研究プロジェクトの膨大な研究研究成果はCD-ROMに収められている[49]．また，RRLの成果は，RRL研究者の580にも及ぶ公表物と獲得した助成金によって評価されるが[50]，RRLへの依頼者によってもみることができる．その多くは，政府機関，自治体などの公的機関や，GISあるいはコンピュータ関連企業などであった[47]．その結果，RRLの中心人物の多くは，大学から官民セクターへの異動がみられた．例えば，RRLの中心メンバーであったラインド（Rhind）は英国陸地測量部へ（現在は，

ロンドン市立大学の副学長),そしてまた,マグワイア (Maguire) は米国 ESRI 社へ異動した.

5.1.3 非計量地理学者からの GIS 批判

GIS 革命期の計量地理学者たちの躍進に水を差したのは,テイラー (Taylor)[51] であった.彼は,GIS は地理学内部のほんの小さな「ハイテク革命」でしかないとして,計量地理学者・GIS 推進者は,地理学的知識体系を GIS に置き換え,1970 年代の計量地理学に対する批判を回避している,と非難している.そして,彼は以下のような批判を展開している.知識はアイディアであり,学問と呼ばれる統合された知識体系へアイディアを統合するものである.そして,情報は事実であり,ある状況のある特徴を分離し,観察を通してそれを記録することを意味する.したがって,学問は事実によってではなく,当該学問が創造する知識によって定義される.地理学的知識に連結されない地理的事実は地理学ではなく単なる地理でしかない.さらに,GIS は空間的に個別に識別された事実のあらゆる系統的な収集を扱うことができる技術的パッケージであるがために,それを用いて,どのような情報からも空間的パターンを作り出すことができる.それゆえ,GIS が他の学問が解釈する空間的パターンを単に提供するだけならば,空間的プロセスと決裂し,いかなる地理学的知識をも生じることはない.GIS は他の学問に空間情報を与える点において,学際的研究としては好都合かもしれない.しかし,それは地理学を知的に不毛なままにする,ハイテクを用いた「くだらない研究」である.

これに対してグッドチャイルド[52]は,知識構築に際して GIS がいかに有効であるかは,地理学のあらゆる分野,地理的データを扱うすべての学問分野に共通する議論であるとした上で,テイラーが GIS と空間科学の失敗を結び付けるのは間違いであるとしている.また,彼は,地図化という作業は理論中立ではありえず,世界を記述することは地理学者の技術の一部であり,決して「くだらない研究」ではない,と述べる.そして,GIS の技術的な問題は,データ構造やアルゴリズムに関する研究の財産を生み出したが,地理学における GIS 研究は,コンピュータ科学における技術開発ではなく,その利用を取り巻く一連の議論を問題としているのである,と主張している.また,GIS が計量地理学の後継者であるとした上で,GIS 研究ではなく,GIS を用いた研究において,GIS の技

術革新は社会科学における問題解決への実証主義的アプローチの重要性を再認識させていると反論している．さらに，地図が地理学者の思考様式であるならば，地図技術の大きな革新は，地理学者の深遠な考えを刺激するに違いない，と述べている．

また，オープンショウ[53]は，地理学の扱う多くの問題は，その知識の基礎が極端にもろく，検証できない理論的推測や記述的な物語の強い伝統に基づいているとして，情報なくして知識は存在し得ないと，テイラーに反論している．そして，人間のミクロな行動や地図パターンの背後に横たわる社会的・政治的プロセスに関する考えが欠落しているというテイラーのGISへの批判が間違いでないとしても，そのことがGISを地理学から放り出す理由になるであろうか，GISを扱うことができる地理学者が，彼ら自身がそれを持っているということすら知らなかった不明瞭な哲学的確信に従っているとして咎められるようなばかげたことがあるであろうかと，皮肉をこめて述べている．オープンショウの立場は，GISが地理学に吸収されることによって，社会科学におけるソフトな擬似科学と，GISがその一部であるハードな空間科学との間の，長く未解決な和解に対する基礎となりうる，すなわち，この30年間に現れた多様なパラダイムを統合する可能性を提供しうるというものである．そして，その基礎は，純粋に地理学的であるということであり，GISは地理学そのものである「時・空間データ・モデルの単純で全体論的な本質」を強調するものであるという．

その後，テイラーとオバートン（Overton）[54]は，データは存在するものではなく，作り出されるものであること，さらに，情報の地理学的不平等が存在していることを指摘している．そして，GIS研究者と社会理論派地理学者の統合はありえないとする．これに対して，オープンショウ[55]は，地理学のソフトな部分とハードな部分の統合の可能性をさらに主張している．

この論争は，社会理論派地理学者とGIS計量地理学者の対立をより明確にした．前者の多くは，GISを用いる用いないに関わらず，計量地理学的研究の価値を疑い，むしろ社会の中でのGISの使われ方やその影響に関心がある．しかし，GISの多くの教育プログラム，基礎的・応用的研究は，欧米の地理学の中に着実に浸透していった．大学の地理学部・学科の中でGIS研究・教育が展開することは，激変する学問環境における地理学の生き残りのための選択肢の一つとみなされたからである．

その後，テイラーとジョンストン[56]は，こうした華々しいGIS革命の展開を，計量革命以降にみられた計量地理学内部における，帰納的な統計地理学と演繹的な数理地理学，純粋地理学的指向と応用地理学的指向，の二つの緊張の中で生じてきたとして，GISが演繹的理論に基づくものではなく，帰納的・探索的なアプローチで，かつ応用的側面を強調する中で展開しているとしている．そして，オープンショウが示すようなGISによる地理学の再建に際しての問題点として，データそのものには国家の権力的関係が含まれており，分析する以前からもはやバイアスが存在している点，GISデータの存在するものだけが対象となってしまう点，そしてさらに，理論を持たないGIS研究は，結局のところ，なぜそのような空間的パターンが生じうるのかについての説明を行うことができないという点をあげている．しかし，テイラーやジョンストンは同時に，GISの効用についても言及している．彼らのスタンスは，計量地理学すべてを否定するものではなく，記述的様式としての計量的分析手法に対しては極めて好意的である．計量的分析手法と同様に，GISが仮になぜという質問に対して実質的に答えなかったとしても，それが重要な問題となりうる題材を浮き上がらせることは可能であり，地理学が対象とする世界のイメージを捉えるツールとして，GISの利用がますます高度化することに同調している．

結局のところ，地理学における社会理論学派とGIS推進派の対立は，GISが地理学の理論構築に貢献するかどうかという問いかけであったといえる．

5.2 英国におけるGCの開花—GCの父スタン・オープンショウ

1990年代中葉には，もはやGIS革命は欧米の地理学全体に浸透し，GISをいかに地理学の中に位置付けるかが極めて重要な論点となった．計量地理学の分野では，1991年にウィルソンがリーズ大学副学長（英国では実質的な学長に相当する）に就任し，その後任として，1992年9月にニューカッスル大学地理学部からオープンショウが着任した．そして，1994年9月から，NCGIAのバッファロー校のフォザリンガムがニューカッスル大学地理学部の計量地理学教授へ，また，1994年9月から，バティがロンドン大学のCASA (Centre for Advanced Spatial Analysis) の所長へと異動し，計量地理学とGISの主要な展開が英国で開花していくことになる[43]．

こうした背景には，英国においても GIS の主要な推進者の多くが地理学出身であったことに加え，1988年に始まる研究評価事業（RAE；Research Assessment Exercise）の学部の評価付けが，GIS 研究に対してある種の魅力となって，研究者の異動を活性化させているともいえる[57]．

GC の前身は，オープンショウが提唱したコンピュテーショナル地理学（Computational Geography）である．オープンショウがリーズ大学に赴任した1992年に，リーズ大学地理学部には Centre for Computational Geography（CCG）が設立された．そして，1994年4月21日にリーズ大学で行われたオープンショウの教授就任講演のタイトルは，"Computational human geography: exploring the geocyberspace"であった[58]．その講演の冒頭に，彼は，21世紀に向けて大きく変化するチャンスを持つ地理学は，現在，意見の合致をみない洗練されたエリート主義的な哲学的視角の過度な強調，科学の基本原理に対する見え透いた軽視，増加する情報に満ち溢れた世界の無視，新しい概念を生み出すことができないとするコンピュータ技術への偏見，地理学に潜在的に適用可能な新しいコンピュータ技術の明らかな無視，といったものが混ざり合った問題にさらされていると述べている．これらの見解は，非計量地理学者たちに対する皮肉を含んだものであるが，オープンショウは，GIS 革命，人工知能（AI：Artificial Intelligence）技術の発展，超高速パラレル・コンピュータの出現によって，近未来に地理学が大きく変化すると予見しているのである．世界が IT 国家の時代へ進むにつれて，地理学者の研究する背景にある政治的，社会・経済的，文化的文脈が，多くの点で変化しつつあるというのである．オープンショウのこうした三つの技術発達の考え方が，コンピュテーショナル地理学の基礎をなしている．

5.2.1 GIS 革命

GIS の普及によって，自然・人間システムの要素を含む，地球上の人間と場所に関するすべての入手可能なデータに対して地理的参照がなされ，また地理学における地図の重要性が再認識されて，地理学的分析の必要性が増加している．しかしながら，より多くの地理学的データを提供すること自体は，あらゆる地理学的知識の増加にはつながらない．GIS が私たちに対して提供している豊富な地理学的データ環境から，理論や概念の形で新しい地理学的知識を抽出あるいは創造するための，新しいツールを開発することが必要となる．

5.2.2 AIツールの発展

 地理学はAIがうまく適応する適用事例を多く含んでいる．それゆえ，今後，地理学においてAIツールが普及することが期待される．とくに，地理学と関連するAIツールには，ニューロ・コンピューティング，遺伝的アルゴリズム，コンピュータ・ビジョンなどがある．ニューロ・コンピューティングは，多くの異なる学問分野でその有効性が示され，1980年代中頃以来，主要な応用科学分野となっている．地理学においてはいまだ適用事例は少ないが，教師有り（supervised）ニューラルネットワークは，空間的プロセスのモデリングに対する基礎を提供する．そして，遺伝的アルゴリズムは，複雑な最適立地問題などに対する新しい解法だけでなく，パターン・ハンティングや自動モデリング・システムなどの新しい空間分析や空間モデリングの構築に対する基礎を提供する．さらに，コンピュータ・ビジョンは，2，3次元のパターンを識別する新たな方法を提供しうる．

5.2.3 超高速パラレル・コンピュータの出現

 気象変化などのグローバル・モデル，流動体モデリング，物質シミュレーション，ゲノム・データ管理などの科学の壮大な挑戦領域には，急速に巨大化するコンピュータ依存接近法が含まれている．超高速パラレル・コンピュータであるテラフロップ・コンピュータ（1秒間に1兆回の演算を行う）が1990年代後半に出現した．その計算速度は，計量革命時の1960年代の10^9倍，エントロピー最大化モデルが展開する1970年頃の10^8倍，そして，GIS革命の初期に比べ実に10^6倍である．こうした新しいコンピュータ環境での新しい地理学の方法が求められている．

 そして，これら三つの新しい発展が，膨大な地理情報の分析に向けられた時，21世紀の新しい地理学が創造される．コンピュテーショナル地理学は，地理学を研究するための新しいパラダイムであり，それは，これまでは解けなかった問題を攻略し，価値，新しい概念，新しい理論を見出し，膨大な地理学的データの中から新しい何かを発見するために，地理学者がすでに行っていることを改良し，科学的な精密さを与える基礎を提供するものであるというのである[58]．

 初めてのコンピュテーショナル地理学の国際学会を1996年にリーズ大学で開催する準備を行っている際に，"GeoComputation"という言葉が誕生したとい

う．当初，オープンショウは，「コンピュテーショナル人文地理学」という用語を掲げていたが[58),59)]，その内容が自然地理学に対しても適用可能であること（むしろ逆に，人文地理学者以上に自然地理学者が興味を抱いた），この新しい言葉は，コンピュータ・パラダイムの魅力をさらに広げるのに役立つこと，新しい言葉は地理学に限定せず，地球システム（Geo）を研究対象とするあらゆる学問分野に開かれた言葉であるべきこと，などから"GeoComputation"の方がより的確であると思われたのである（なお，コンピュテーションを強調するために，Cは大文字となっている）．その結果，GCは，広義には，地理学的あるいは地球システム的なあらゆる範囲の問題を研究するために，コンピュータ科学のパラダイムを適用しようとする学問分野，とみなすことができる[60)]．

GCは，以下の3点において地理学における単なるコンピュータの利用とは大きく異なるという[60)]．まず第一に，計量革命以降の地理学における統計的・数学的モデルの多くは，地理学以外から持ち込まれたものであり，実は空間的側面がまったく無視されているか，あるいは未開発・過小評価されている．そして，ほとんどの地理学的データは，サンプルではなく母集団データであり，空間的に独立ではなくむしろ関連し合っているという特徴を有している．GCはこうした問題を認識して，空間データに適した手法を開発しようとするものである．二つ目に，コンピュータの集中的な利用は，実際に存在している問題に対して新しい解法を生み出したり，これまで解けなかった問題を解いたり，これまで考えもつかなかった新しい問題やテーマを創出したりする可能性を高めている．そして，三つ目に，コンピュテーションは，解析的精密さよりも数値的近似に基づいた独特なパラダイムを含んでいる．すなわち，GCは，データ・フリー，分析的であり，演繹的アプローチというよりもむしろ，データ主導的な高速コンピュータを用いた帰納的ツールに基づいている．

GCと計量地理学の関係について，マクミラン[61)]は，両者は同じ科学哲学を共有していることから強いつながりがみられると主張するが，オープンショウは，GCは計量地理学を包摂するもので，計量地理学以上のものであるという．これまでの計量地理学は，性能の低いコンピュータを用いていた時代を反映したさまざまな統計的・数学的手法の宝庫であり，コンピュータの性能不足をカバーするために，分析的近似や聡明な数学的技法を駆使した産物であり，さらにデータの不足から，理論的視点を育んできた，というのである[60)]．したがって，オープン

ショウに従うならば，GC の挑戦は，さまざまな地理学的文脈において，有用で価値があり革新的で新しい科学を行うために，ますます高速化する高性能コンピュータを利用して，アイディア，方法，モデル，パラダイムを開発することにある．

そして，GC は GIS そのものではない．両者の関係は極めて重要で，GIS による膨大な地理情報の環境は世界のデジタル表現を作成するために無限の可能性を提供し，GC の技術は，これまで以上に，膨大な地理情報を構造化し，分析し，解釈するためのより良い方法を提供する[62]．

また，フォザリンガム[63]は GC を，コンピュータが中心的な役割を果たす計量的な空間分析と定義する．彼は，コンピュータとは独立に開発された標準的な統計手法などは「弱い GC」と呼び，コンピュータの利用が分析方法の形を決めていくものを「強い GC」と呼んで区別している．フォザリンガムによれば，GC を支える認識論に関しても，それは非計量地理学者が考えるような物理至上主義的な論理実証主義的立場とは大きく異なったものである．例えば，その違いは，GC の空間分析の対象がグローバルな関係のみを前提とするのではなく，ローカルな関係を追及することもできる点にある．ローカルな例外や特異現象は，グローバルなモデルの改善と同時に，空間上に一様ではない固有な行動がみられる，あるいはグローバルなモデルでは捉えることができないものがある，ということを示してくれる[64],[65]．

このことは，GC が計量地理学における二つの議論に関わっていることにもよる．一つは確証的技法と探索的技法の議論であり，いま一つは，演繹的推論と帰納的推論の議論である．これら二つの議論におけるそれぞれの関係は相互補完的であるが，GC のスタンスは，探索的技法を中心に，対象とする地理学的データを生じさせる空間的プロセスに関する新しい仮説を示す帰納的推論のプロセスを重視するものである．そして，オープンショウのように演繹的推論を重視しない極端な立場には，懐疑的な者もいる．

オープンショウが提唱する GC には，対象は異なるものの，彼の一貫した考え方があるように思われる．彼は，これまでの計量地理学は，再現性のある理想的な 2 次元または 3 次元のパターンとして表現されうる空間の理論や概念に満ちているという．そのため，そこでの地理学的な理論や概念は，分析より前に地理学的視点が取り除かれた非空間的な統計手法によって検証されてきたというのである．この考え方は，地理学的現象をみる場合に，理論を先行させるというこれまで

のアプローチに対して，パターン認識を用いてあらゆる空間的パターンの可能性を追求し，そこから有効で新しい知識を見つけ出そうとするアプローチである．

言い換えれば，1950年代後半の計量革命は，空間的パターンを記述するために精緻な数学モデルを構築しようとした．しかし，その結果，度を越した精確さを追求し，地理学の本質である空間の次元を見失ってしまった．そして，1990年代中葉のGC革命は，パターン認識ツールを開発することによって精確さを弱め，より一般的にする機会を提供している．こうしたより一般化されたパターン認識アプローチが，そこから有益な新しい知識を取り出す視点で地理情報をみる新しい見方を提供している[58),66)]．そのためにも，より高性能なコンピュテーションが必要なのである．

オープンショウ[60)]は，GCに対して特別な思いを寄せる．逆説的であるが，彼はGCを以下のように定義している．「GCは，GISの別の名前ではない，計量地理学ではない，極端な帰納主義ではない，理論が欠けているわけではない，哲学が無いわけではない，道具の寄せ集めではない」．

5.3 GCの主要な研究テーマ

1990年代に入り，コンピュテーショナル地理学を経てGCとなった研究対象の多くは，これまでGIS，計量地理学，空間分析などとみなされていたものと基本的に変わりはないが，その分析方法や視角が異なる．以下では，GCが，どのような研究テーマに対して適用されているのかをみていくことにする[60),67)]．

5.3.1 パラレル空間的相互作用モデル

空間的相互作用モデル研究は，地理学の中でも理論的精緻化が進んだ研究分野の一つであると同時に，計画分野への応用的側面でも重要な研究分野である．中でも，ウィルソン[15)]のエントロピー最大化モデルは，理論的に洗練されているだけでなく，適切なデータが存在すれば，極めて高い予測力を持つ．しかし，最尤法によるパラメータ推定に際しては，発地・着地の数が多くなれば，莫大な計算時間を要することになる．

例えば，1991年の英国センサスから10,764ウォード（ward）間の通勤流動OD（Origin-Destination）に空間的相互作用モデルを適用した研究がある[68)]．

およそ1万もの地区からなるOD行列へエントロピー最大化モデルを適用するパラメータ推定には，ワークステーションで約18時間かかるものが，超高速パラレル・コンピュータでは2.4秒で処理してしまうという．さらに，英国では，2,700万の地区からなる電話流動ODデータがある．このような天文学的な流動データは，もはや超高速パラレル・コンピュータなくしては処理することができない[69),70)]．

空間的相互作用モデルの場合，目的や個人属性（性別，年齢階級，利用交通手段，…）によって，ODデータを非集計化する場合がある（例えば，通常の発地×着地のODデータは2次元行列であるが，男女別年齢階級別ODデータは4次元行列となる）．都市内部の買物流動予測などにおいて，このような非集計化されたODデータへの空間的相互作用モデルの適用は，精確なインパクト分析に不可欠であり，実際，企業が持つ顧客データなどを用いたそのような分析は，経営戦略における売上予測などに大きく貢献しているという[71)]．その場合に，処理すべきデータ量が膨大となり，パラレル空間的相互作用モデルがその計算を支えることになる．このことは，詳細なデータの出現に加え，それらを処理するコンピュテーションの環境が整ったことが，リーズ学派にみられた1980年代中葉の理論的研究から応用的研究へのシフトの，背景の一つになったということである．

さらに，空間的相互作用モデルの対象である人の動きを細分化していけば，それは流動主体である個人となる．個人の時空間上における行動のモデル化，すなわち人文システムのモデル化の科学は，現在スタートラインに立っているという[59)]．

5.3.2 新しいパラメータ推定方法

地理学で用いられるモデルの中には，指数関数を含んだ非線形のものが多くある．さらに，推定するパラメータ数が多く，極めて複雑な解空間におけるパラメータ推定を必要とする場合もある．そのようなパラメータ値のわずかな変化が目的関数値の大きな変化をもたらす非線形の複雑な解空間でのパラメータ推定や，データの独立性の仮定を弱めた形でのパラメータ推定として，ロバスト推計手法やブートストラップ法などのパラメータ推定方法が開発されつつあり，それらの適用にも膨大なコンピュテーションが必要とされる[60)]．

さらに，新たなパラメータ推定方法として，ダーウィンの自然淘汰の考え方をパラメータ推定法に応用した，遺伝的アルゴリズムや進化戦略法などがある[72)]．

例えば，エントロピー最大化モデルのパラメータ推定は，観測された現実の流動データと予測された流動データの尤度の最大化を目的関数としてパラメータ推定される．これまではニュートン・ラフソン法などを用いて推定されていたが[18]，パラメータ数が増加するとそのアルゴリズムは急速に複雑化する．それに対して，遺伝的アルゴリズムや進化戦略法は，コンピュテーションの力を借りて，より単純なアルゴリズムで最適解を探索することを可能とする[73]．

ウィルソンの発生制約型エントロピー最大化モデル，二つのパラメータを持った一般化重力・介在機会モデル，三つのパラメータを持った競合着地モデル，さらに，競合着地モデルの近接性に二つのパラメータを加えた五つのパラメータを持つより複雑なモデル，の四つのモデルのキャリブレーション（calibration；パラメータ推定）を，通常のNAGパッケージソフトによる非線形モデル推定，

表 5.1 NAG, GA, ES によるキャリブレーションの結果の比較（Openshaw and Openshaw, 1997）[72]

(a) GA と ES によって推定された空間的相互作用モデルの最適なエラー値

モデル	NAG	GA	ES
ウィルソンモデル	16.148	16.148	16.148
重力・介在機会混合モデル	16.139	16.145	16.142
三つのパラメータを持つ競合着地モデル	15.931	15.930	15.635
五つのパラメータを持つ競合着地モデル	16.222	15.856	15.973

(b) 推定された最適パラメータ値

モデル	NAG	GA	ES
ウィルソンモデル β	-0.2211	-0.2211	-0.2211
重力・介在機会混合モデル			
β	-0.2206	-0.2208	-0.2253
λ	-0.0008	-0.0011	-0.0013
三つのパラメータを持つ競合着地モデル			
β	-0.2250	-0.2139	-0.2944
δ	-3.4802	-1.9906	1.8947
σ	1.2669	0.2027	-0.5169
五つのパラメータを持つ競合着地モデル			
α	1.1121	0.7985	1.0158
β	4.3319	-0.2238	-0.2605
γ	1.3411	0.6657	1.0932
δ	0.5963	-0.3635	-1.4454
σ	-0.4996	0.4296	-0.0551

エラー値は値が小さいほどモデルの適合が良いことを示す．

遺伝的アルゴリズム（GA），進化戦略（ES）の3種類でそれぞれ行い，モデルの適合度と推定されたパラメータ値の比較がなされている（表5.1)[72),73]．

その結果，通常のウィルソンモデルでは差がみられないものの，複数のパラメータを含む複雑なモデルでは，適合度にあまり違いがみられなくても，推定されたパラメータ値は大きく異なる場合がみられる．目的関数値だけでなく，推定されたパラメータも，計算時間は要するものの，通常の非線形推定法よりも，GAやESの方がより適切な推定値を算出するという．

付録1　遺伝的アルゴリズム

遺伝的アルゴリズムは，とても複雑な探索問題や最適化問題の解決のために，遺伝の自然プロセスやダーウィンの自然淘汰の考えをまねたアルゴリズムで，進化コンピューティング，進化プログラミング，進化戦略，遺伝的プログラミングなどとも呼ばれる．応用範囲が極めて広く，さまざまな分野で用いられつつあり，とても魅力的な最適化手法である．地理学では，パラメータ推定や最適配置問題などに適用され始めている．

また，ホランド（Holland）[74]の遺伝的アルゴリズムとは独立に，1960年代からドイツで開発された進化戦略は，自然進化の原理を模倣するが，ビット・ストリングのコーディングを介さずに，直接，実数値を扱うことができる．また，遺伝的アルゴリズムの遺伝操作の中で，突然変異のみを用いている[75]．

5.3.3　最適配置問題へのパラレル・コンピュテーション

立地・配分モデルに代表されるような施設の最適配置問題は，その目的関数と同様に，その最適立地点の特定方法が問題とされてきた．例えば，総移動費用を最小化するp-メディアン問題では，N地区の対象地域（N個の需要地点）に一つの施設を配置させる場合は，N回の計算となるが，施設数がm個に増加すれば，その計算回数はN個からm個を選ぶ組合せ問題で，$_N\mathrm{P}_m = N!/(N-m)!$となり，$m$の増加にともなって計算回数は指数関数的に急増することになる．そのため，これまでは，タイツ（Teitz）とバート（Bart）の頂点代入法のようなヒ

ューリスティック（発見的）な解法が考案されてきたが[23]，最近では，遺伝的アルゴリズムや進化戦略を用いた解法も考案されている[76].

5.3.4 自動化モデリングシステム

自動化モデリングシステム（AMS：Automated Modelling Systems）は，オープンショウ[77]によって提唱されたもので，ドブソン（Dobson）[78]の自動化地理学の一つの方向性を示すものといえる．その基本的な考え方は，多くの人文的システムのモデル構築が，当該プロセスの複雑さ，適切な理論の不足，対象とするシステムのカオス的な非線形的行動などにより，極めて困難であるために，高速コンピュータによって，より適合度の高いモデルを設計・構築する新しい手法を開発しようとするものである．

オープンショウ[77]は，遺伝的プログラミング（GP：Genetic Programming）を用いて，さまざまな説明変数やパラメータの組合せから最も適合度の高いモデルを自動的に作成するシステムを構築している．そして，最近では，遺伝的アルゴリズム，進化戦略法，ニューラルネットワーク，ファジー論理を用いた新たな空間的相互作用モデルの開発も試みられている[72].

総じて，これらのアプローチは，大規模なコンピュテーションを活用して，先見的な理論を持たずにデータから帰納論的にモデルを構築し，その中から新たな理論を見つけ出そうとするアプローチである．しかし，そこで特定された適合度の高いモデルの持つ意味やその予測への適用可能性は，次の展開に委ねられているといえる．

付録2 遺伝的プログラミング（GP）による自動化モデリングシステム

オープンショウ, S. とオープンショウ, C.[72]は，遺伝的アルゴリズムを，自動モデリングシステムに適用し，GPを開発している．GPを用いて，通常の空間的相互作用モデルに比べ，はるかに高い適合度を持つ複雑なモデルを特定している．GCの立場に立てば，そのようなモデルの中から，新しい空間的相互作用モデルが発見できるかも知れないというのである．しかし，そ

表 5.2 GP によって特定された空間的相互作用モデル(Openshaw and Openshaw, 1997)[72]

(a) 空間的相互作用モデルの部品

モデルの部品
- O_i　　発地区の規模
- W_j　　着地区の規模
- O_j　　対応する着地区の規模
- W_i　　対応する発地区の規模
- C_{ij}　　移動費用
- V_{ij}　　着地区 j を含まない介在機会の項
- X_{ij}　　着地区 j を含む介在機会の項
- Q_j　　競合着地の項

数学的演算子
　　　　$+, -, *, /, \wedge$

数学的関数
　　　　sqrt, log, exp, <, >

(b) GP によって生成された空間的相互作用モデル

通常のモデル	エラー値
$T_{ij} = O_i W_j C_{ij}{}^\beta$	20.5
$T_{ij} = O_i W_j \exp(\beta C_{ij})$	16.1
$T_{ij} = O_i W_j \exp(\beta \sqrt{C_{ij}})$	15.9
$T_{ij} = O_i W_i \exp(\beta \log(C_{ij}))$	20.5
$T_{ij} = O_i W_j \exp(\lambda X_{ij} + \beta C_{ij})$	16.1
$T_{ij} = O_i W_j Q_j{}^a \exp(\beta C_{ij})$	16.1

GP モデル	エラー値
$T_{ij} = \left[2V_{ij}\left(12.0\,V_{ij}W_{ij}X_{ij}{}^{1.82}W_i{}^{1.82} + 3.34 + 2.0\,V_{ij} - O_iC_{ij}{}^{-1.82} + O_iW_i{}^{1.82} + \dfrac{X_{ij}C_{ij}{}^{-1.82}}{W_j}\right)\right]^{-C_{ij}}$ $\times \left[\left(W_j + X_{ij} + 3.34 + \dfrac{X_{ij}C_{ij}{}^{-1.82}}{2V_{ij}}\right)\right]^{-C_{ij}} \times W_j\log(1.67 + X_{ij}{}^{1.67} - 3.0\,X_{ij}{}^{1.82})$ $\times [X_{ij}{}^{1.67} - 2.0\,X_{ij} + O_i\log(W_i{}^{1.82}C_{ij}{}^{-1.39}) + O_iC_{ij}{}^{-1.82} + W_j]$ $\times \left(W_j + \dfrac{W_j}{2.0\,W_j{}^{C_{ij}}}\right)$	11.6
$T_{ij} = W_j \exp[-0.16\,C_{ij} + 27.9(-0.5\exp(W_j) + W_i) + V_{ij} - 4.1]$	12.2
$T_{ij} = \exp\left(\dfrac{C_{ij} - 0.17}{W_i{}^{W_j} - 0.16}\right) \times \exp(W_j(C_{ij} - 0.13) + V_{ij})$	12.3
$T_{ij} = \exp\left(\dfrac{C_{ij}}{-0.17}\right) \times \left(\dfrac{W_j}{X_{ij}{}^{-0.47}} + X_{ij}\right) \times \left(\dfrac{W_j}{W_i{}^{-0.43}}\right)$	13.7
$T_{ij} = \dfrac{W_i C_{ij}{}^{-0.02}}{W_j} \times (V_{ij} + 0.78)$	13.7
$T_{ij} = 2.0\,W_j X_{ij}{}^{-1.20} \exp(-0.06\,C_{ij})$	14.3

エラー値は値が小さいほどモデルの適合が良いことを示す.

のモデルの理論的根拠や,将来予測のために用いることができるかなど,さまざまな問題を含んでいることも明らかである.

5.3.5 パラレル可変単位地区問題や最適地理学的分割問題

GCの適用は，高性能なコンピュテーションとGISによる膨大なデータ提供を待ち望んでいる，既存の計量地理学の研究分野にもみられる．オープンショウ自身が1970年代に精力的に取り組んできた可変単位地区問題（MAUP：Modifiable Area Unit Problem）も，そのような研究分野の一つである[79]．

可変単位地区問題は，単位地区のスケールや集計が作成される地図に影響するという極めて根源的な問題であるが，重要なことは，分析者がそうした問題を踏まえた上で各自の目的に適した単位地区を容易に選ぶことができない点にある[70]．そこで，オープンショウらは，GIS環境下でさまざまな基準から異なるゾーニングを可能とするシステムの構築を試みている[80]．

オープンショウとアルヴァニデス（Alvanides）[70]は，英国の1991年センサスの1万を越すウォードをもとに，人口均等化や人口近接性の均等化を目的関数とした，最適地区システムの検討を行っている．そのような最適化地区デザインの問題は，n個の単位地区をm個の地域に集計する地区システムの最適化問題で，非線形の制約付き整数組合せ最適化問題となり，超高速パラレル・コンピュテーションを必要とするのである．

付録3　地区デザイン・システム

英国1991年センサスから，英国以外で生まれた人々を対象とした地区デザインの分析を行ってみよう．イングランドとウェールズの54カウンティには，9,522のウォードが含まれる（図5.1(a)）．このウォードの隣接関係を保持しながら，54の任意の地域をデザインする．ここで，新たに作成された54地区の外国人人口が等しくなるようなゾーニングは図5.1(b) のようになる．これでは，非常に奇妙なゾーニングを呈しているが，作成された地域の人口のバラツキが小さくなっている．そこで，① 新たに作られる地域の人口重心から各ウォード重心までの距離で外国人人口を重み付け，その総和を最小化し，かつ② すべての地域の総人口が，平均値の少なくとも75％となる制約，を加えたゾーニングは図5.1(c) のようになる．この場合は，コンパクトな地域的なまとまりもみられ，人口規模のバラツキも図5.1(b) の結果と比べれば大きいが，もともとのゾーニングに比べれば，かなり改善され

たことになる.

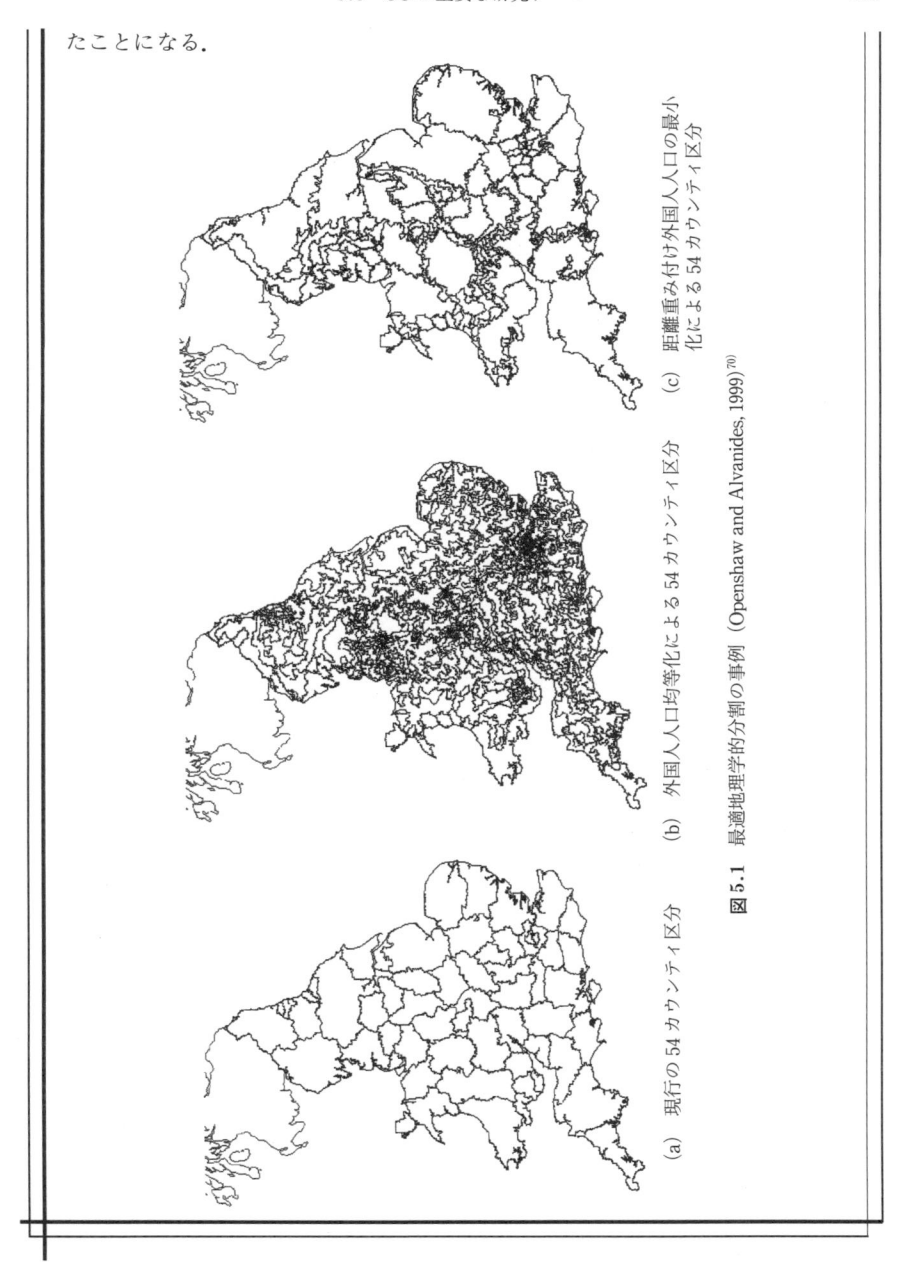

(a) 現行の54カウンティ区分 (b) 外国人人口均等化による54カウンティ区分 (c) 距離重み付け外国人人口の最小化による54カウンティ区分

図 5.1 最適地理学的分割の事例 (Openshaw and Alvanides, 1999)[70]

5.3.6 パラレル空間分類法

　計量地理学では地理行列のデータ要約やデータ分類に多変量解析を適用してきたが，膨大な地理行列に対するデータ分類もGCのテーマの一つといえる．例えば，ジオデモグラフィクス[81]として知られる小地域の居住地域の分類では，大規模データに対するクラスタリング方法が必要とされる．英国1991年センサスの14万5,716国勢調査区（ED：Enumeration Districts）に基づく居住地区分類には，用いられる分類方法のアルゴリズムと同様に，コンピュテーションも欠かせない．また，その分類方法に関しても，1970年代の大型計算機での k-means法は，最近ではスーパーコンピュータでの教師無し（unsupervised）ニューラルネットワークに置き換えられつつある[82]．

付録4　GB Profiles '91

　英国1991年センサスの，年齢別人口，出身国，人口移動，世帯，社会経済，健康状態，通勤に関わる85変数から，ニューロ分類法を用いて64のクラスターが作成され，それらは16サブ・タイプに，さらには，住民属性か

凡例：
- 分類不能
- 奮闘している
- 向上心がある
- 確立している
- 上昇している
- 繁栄している

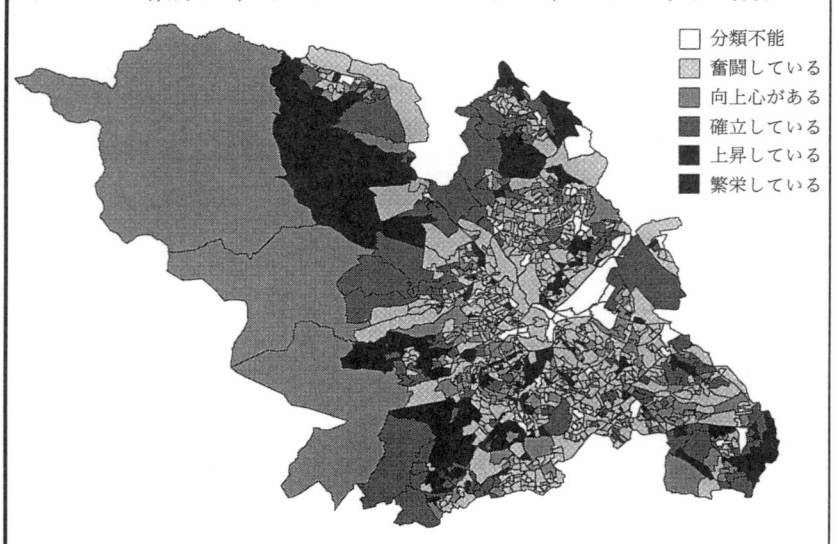

図5.2　ニューロ分類法を用いたシェフィールドの居住地域区分（Openshaw, et al., 1995）[82]

らみた典型的な六つのタイプ（繁栄している，上昇している，確立している，向上心がある，奮闘している，分類不能）に分類されている.

　シェフィールド市の事例では，荒くみれば，中心部や東部の「奮闘している」地域と，西部・南西部での「繁栄している」「上昇している」地域にみられるように，多くの工業都市にみられる典型的なセクター的パターンが看取される.

5.3.7　パラレル地理学的パターンと地理学的関係の発見方法

　現在，地理情報は膨大に蓄積され，ジオサイバースペースは着実に拡大し，地理学的分析の機会が急増している．人口動態，疾病，犯罪，交通事故など膨大な地理学的データが存在するにもかかわらず，問題は，それらが適切に分析されていないということである．過度なデータ保護，分析経験の不足，適切な分析手法が見当たらないなどの問題がその原因になっているが，従来の分析手法が仮説検証的であることも問題である．ジオサイバースペースは多次元でかつ動態化した特徴を持っており，既存の単純な探索分析手法では対応することができない.

　今，地理的参照がなされているデータベースが存在しているとすると，問題は，その中に地理学的なクラスターがあるか，そして，それはどこにみられるかといった，極めて単純なものである．この問題に対して，オープンショウは1980年代中葉に，GAM（Geographical Analysis Machine）を開発した[83]．GAMは，コンピュテーションを集約的に最大限活用する単純な方法である．この方法は，有意性の判断に曖昧さを含むことから，その後，そのプロセスをカーネル密度分布で改良したGAM/Kが考案されている[84].

　また，GAMやGAM/Kは空間的パターンを見つけ出すツールであるが，なぜそのようなパターンがみられるかの説明はなされない．そのパターンの形成に関連する他の地理学的パターンを探索的に見つけ出す自動化ツールとして，GCEM（Geographical Correlates Exploration Machine）が開発されている[85].

　そしてさらに，GAMとGCEMを連携させたGeographical Explanations Machine（GEM）も構築されている．それは，局地的なパターンの形跡となる点データを探索し，地理学的な方法で過多を説明しようとするものである[84].

付録5　GAM と GCEM

　GAM を用いた北東イングランドにおける長期疾患者（Long-term limiting illness）の分析事例をみてみよう．1991 年英国センサスの 6,905 国勢統

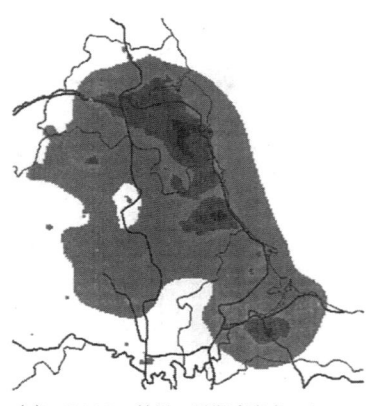

(a)　GAM の結果：長期疾患者のクラスターの分布

(b)　GCEM の結果：社会経済的変数の地理学的共変動によって説明されるクラスターの分布

(c)　GCEM の結果：社会経済的変数の地理学的共変動によって説明されないクラスターの分布

図 5.3　地理学的パターンの発見の事例（Openshaw, 1998）[84]

計区の点データから，そうした患者の局所的なクラスターを抽出することができる（図 5.3(a)）．
　次に，GCEM は，GAM によって明らかにされた局所的なクラスターと，他の地理学的パターンの関連を探ろうとするものである．ここでは，ウォードの人口密度，剝奪指標，統計区の失業者，密集度，片親世帯，社会階層 I（専門職など）の 5 階級区分図とのオーバーレイを繰り返し，そのような変数によって説明される局地的な長期疾患者のクラスターを示すことができる（図 5.3(b)）．そしてまた同時に，用意された変数では説明できない長期疾患者の局所的なクラスターも明らかにすることができる（図 5.3(c)）．

5.4　地理学における GC の今後の展開—結びに代えて

　1990 年代にオープンショウが提唱した GC は，高速コンピュータの処理能力の向上，GIS による膨大な地理情報の提供，そして，それを活用するための新しい人工知能手法の導入，の三つによって特徴付けられる地理学である．しかし，その背景には，1970～80 年代の混迷する人文地理学の中で生じた分裂と，1980 年代後半の GIS 革命による地理学へのさまざまな外圧が大きく影響している．
　地理学における計量地理学派と社会理論派の対立は，GIS 革命を通して，新たな段階を迎えたといえる．すなわち，GIS は，大学や社会における地理学の地位回復のために大きく貢献する可能性を有しており，欧米の地理学は GIS を放棄する理由はまったくなく，むしろ積極的に推進する立場をとる．GIS は，それをたとえ地理学が行わなくとも，GIS に関連する多くの隣接学問分野が吸収してしまうであろう．したがって，地理学という学問全体としてみたならば，GIS は地理学に対して決してマイナス要因となりえない[86]．
　しかしながら，地理学における社会理論派にとっては，地理学の中で GIS を展開すること自体が，彼らが批判してきた科学的な地理学を暗黙裡に受け入れてしまうことに他ならない．そこにはこれまでとは異なった両者の緊張がみられる．すなわち，社会理論派は，GIS をはじめ IT 革命が社会や学問に与える影響はもはや看過できないことを認めた上で，社会的，経済的，法的，政治的，民族

的文脈において，対象と関係，人間と場所を表現するGISの能力には実質的に限界があるとして，その問題を追及していくことになる[87),88)]．

一方，GCは従来の計量地理学に対しても批判的である．オープンショウに従えば，複雑な人間システムを理解するために，これまでの計量地理学は精緻な理論やモデルを適用し過ぎたというのである．例えば，居住地域構造の地理学的パターンが同心円的パターンを呈するという理論を，現実の居住地域構造に適用し，その同心円的パターンはさまざまな影響によって歪められていると解釈するアプローチは，アプリオリに理論の存在を前提として議論している．そのような分析からは，現実に存在している新しい地理学的パターンをみることはできない．これに対して，GCは，極端にいえば，地理学的パターンといわれるすべての可能性を，コンピュータの力を用いて，明らかにしてみようというものである．

GCは，地理学がGISブームの波に乗って，地理学を学問的にどのように変化させるべきであるかを問いかけ，それを実践しようとする一つの試みである．オープンショウの主張は，問題を明確にするために，現状の地理学的研究を批判する挑発的なものであるが，この「新しい地理学」は，混迷する地理学に一石を投じたことは間違いない．

今，地理学が問われていることは，GCが明らかにしつつある地理学的パターンを，計量地理学者・社会理論派地理学者に限らず，地理学者がどれだけ上手く解釈し，説明することができるかである． 〔矢野桂司〕

文　献

1) Openshaw, S. and Abrahart, R. J. eds. (2000)：*GeoComputation*，Taylor & Francis．
2) ジョンストン，R. J. 著，立岡裕士訳 (1997/1999)：現代地理学の潮流（上・下），地人書房 [Johnston, R. J. (1997)：*Geography and Geographers：Anglo-American Geography since 1945* (5 th ed.), Arnold].
3) Wilson, A. G. (1972)：Theoretical geography：some speculations．*Transactions, Institute of British Geographers*，**57**：31-44．
4) 森川　洋 (1980)：中心地論（Ⅰ）（Ⅱ），大明堂．
5) 奥野隆史 (1977)：計量地理学の基礎，大明堂．
6) 石川義孝 (1994)：人口移動の計量地理学，pp. 21-50，古今書院．
7) 高阪宏行 (1975)：計量地理学の方法論的諸問題―空間的パターンから空間的プロセスへ―．地理学評論，**48**：531-542．
8) 杉浦芳夫 (1976)：空間的拡散研究の動向―情報の伝播とイノベーションの採用を中心として―．人文地理，**28**：33-67．

9) Wrigley, N. (1985): *Categorical Data Analysis for Geographers and Environmental Scientists*, Longman.
10) 若林芳樹 (1999): 認知地図の空間分析, 地人書房.
11) Cliff, A. D. and Ord, J. K. (1973): *Spatial Autocorrelation*, Pion.
12) Bennett, R. J. (1978): *Spatial Time Series : Analysis, Forecasting and Control*, Pion.
13) Griffith, D. A. (1988): *Advanced Spatial Statistics : Special Topics in the Exploration of Quantitative Spatial Data Series*, Kluwer Academic Publishers.
14) Fisher, M. M. and Getis, A. eds. (1997): *Recent Developments in Spatial Analysis : Spatial Statistics, Behavioural Modelling and Computational Intelligence*, Springer.
15) Wilson, A. G. (1967): A statistical theory of spatial distribution models. *Transportation Research*, **1**: 253-269.
16) Lowry, I. S. (1964): *A Model of Metropolis, RM-4035-RC*, Rand Corporation.
17) Wilson, A. G. (1974): *Urban and Regional Models in Geography and Planning*, John Wiley & Sons.
18) Batty, M. (1976): *Urban Modelling : Algorithms, Calibration and Predictions*, Cambridge University Press.
19) 矢野桂司 (1990): イギリスを中心とした都市モデル研究の動向―引用分析的アプローチを用いて―. 人文地理, **42**: 118-145.
20) 矢野桂司 (1991): 一般線形モデルによる空間的相互作用モデルの統合. 地理学評論, **64**: 367-387.
21) Clarke, M. and Wilson, A. G. (1985): The dynamics of urban structure : the progress of a research programme. *Transactions, Institute of British Geographers*, NS, **10**: 427-451.
22) Wilson, A. G. (1995): Simplicity, complexity, and generality : dreams of a final theory in locational analysis. *Diffusing Geography* (Cliff, A. D., Gould, P. R., Hoare, A. G. and Thrift, N. J. eds.), Basil Blackwell.
23) 石﨑研二 (1994): 立地―配分モデルとその展開―とくにモデルの構造に着目して―. 人文地理, **46**: 604-627.
24) Lenntorp, B. (1976): Paths in space-time environments. *Lund Studies in Geography*, **B 44**: 150.
25) アレン, P. M., サングリエ, M.著, 水野 勲訳 (1989): 中心地システムの動態的モデル―II. 理論地理学ノート, **6**: 67-82 [Allen, P. M. and Sanglier, M. (1981): A dynamic model of a central place system II. *Geographical Analysis*, **13**: 149-164].
26) Haggett, P., Cliff, A. D. and Frey, A. (1977): *Locational Analysis in Human Geography* (2 nd ed.), Edward Arnold.
27) Wilson, A. G. and Bennett, R. J. (1985): *Mathematical Methods in Human Geography and Planning*, John Wiley & Sons.
28) Gould, P. (1985): *The Geographer at Work*, Routledge & Kegan Paul.
29) Wrigley, N. and Bennett, R. J. eds. (1981): *Quantitative Geography : a British View*, Routledge & Kegan Paul.
30) ハーヴェイ, D. 著, 竹内啓一・松本正美訳 (1980): 都市と社会的不平等, 日本ブリタニカ [Harvey, D. (1973): *Social Justice and the City*, Arnold].
31) Sayer, A. (1976): A critique of urban modelling from regional science to urban and regional political economy. *Progress in Planning*, **6**: 189-254.
32) Gregory, D. E. (1978): *Ideology, Science and Human Geography*, Hutchinson.
33) Wilson, A. G. (1978): Book review of Sayer (1976). *Environment and Planning A*, **10**: 1085-1086.
34) Chorley, R. J. and Haggett, P. eds. (1967): *Models in Geography*, Methuen.
35) Macmillan, B. ed. (1989): *Remodelling Geography*, Basil Blackwell.

36) Peet, J. R. and Thrift, N. J. (1989): *New Models in Geography*, Unwin Hyman.
37) Harvey, D. (1989): From models to Marx: notes on the project to 'remodel' contemporary geography. *Remodelling Geography* (Macmillan, B. ed.), pp. 211-216, Basil Blackwell.
38) Macmillan, B. (1989): Quantitative theory construction in human geography. *Remodelling Geography* (Macmillan, B. ed.), pp. 89-107, Basil Blackwell.
39) Wilson, A. G. (1989): Classics, modelling and critical theory: human geography as structured pluralism. *Remodelling Geography* (Macmillan, B. ed.), pp. 61-69, Basil Blackwell.
40) Openshaw, S. (1989): Computer modelling in human geography. *Remodelling Geography* (Macmillan, B. ed.), pp. 70-88, Basil Blackwell.
41) Openshaw, S. (1995): Marketing spatial analysis: a review of prospects and technologies relevant to marketing. *GIS for Business and Service Planning* (Longley, P. A. and Clarke, G. eds.), pp. 150-165, Geoinformation International.
42) Goodchild, M. F. (1992): Geographical information science. *International Journal of Geographical Information Systems*, **6**: 31-45.
43) 矢野桂司 (2001): 計量地理学と GIS. GIS―地理学への貢献 (高阪宏行・村山祐司編), pp. 246-267, 古今書院.
44) NCGIA (1989): The research plan of the National Center for Geographic Information and Analysis. *International Journal of Geographical Information Systems*, **3**: 117-136.
45) Fotheringham, A. S. and Rogerson, P. eds. (1994): *Spatial Analysis and GIS*, Taylor & Francis.
46) 碓井照子 (1993): 地理情報システム (GIS) 研究と GIS 教育の必要性. 奈良大学紀要, **21**: 157-165.
47) Longley, P. A. and Clarke, G. eds. (1995): *GIS for Business and Service Planning*, Geoinformation International.
48) Birkin, M. (1996): Retail location modelling in GIS. *Spatial Analysis: Modelling in a GIS Environment* (Longley, P. A. and Batty, M. eds.), pp. 207-226, Geoinformation International.
49) NCGIA (1999): *Fundamental research in geographic information and analysis, NCGIA technical reports 1988-1997*, NCGIA, CD-ROM.
50) Burrough, P. A. and Boddington, A. (1992): The UK Regional Research Laboratory Initiative, 1987-91. *International Journal of Geographical Information Systems*, **6**: 425-440.
51) テイラー, P. J. 著, 池口明子訳 (2002): GKS. 空間・社会・地理思想, **7**: 38-39 [Taylor, P. J. (1990): GKS. *Political Geography Quarterly*, **9**: 211-212].
52) Goodchild, M. F. (1990): Comment: just the facts. *Political Geography Quarterly*, **10**: 335-337.
53) オープンショー, S. 著, 森田匡俊・池口明子訳 (2002): 地理学における GIS 機器への一考察, あるいはハンプティダンプティを元に戻すための GIS の利用について. 空間・社会・地理思想, **7**: 40-47 [Openshaw, S. (1991): A view on the GIS crisis in geography, or, using GIS to put Humpty-Dumpty back to again. *Environment and Planning A*, **23**: 407-409].
54) Taylor, P. J. and Overton, M. (1991): Further thoughts on geography and GIS—a preemptive strike. *Environment and Planning A*, **23**: 1087-1090.
55) Openshaw, S. (1992): Further thoughts on geography and GIS—a reply. *Environment and Planning A*, **24**: 463-466.
56) Taylor, P. J. and Johnston, R. J. (1995): Geographical information systems and geography. *Ground Tuth: Geographical Information Systems* (Pickles, J. ed.), pp. 51-67, Guilford Press.
57) 矢野桂司 (2001): GIS による応用地理学へのシフト―1980 年代後半以降の英国での試み―. 地理, **45**(9): 41-50.
58) Openshaw, S. (1994): Computational human geography: exploring the geocyberspace, *Leeds Review*, **37**: 201-220.

59) Openshaw, S. (1995): Human systems modelling as a new grand challenge area in science. *Environment and Planning A*, **28**: 761-768.
60) Openshaw, S. (2000): GeoComputation. *GeoComputation* (Openshaw, S. and Abrahart, R. J. eds.), pp. 1-31, Taylor & Francis.
61) Macmillan, B. (1998): Epilogue. *Geocomputation : a Primer* (Longley, P. A., Brooks, S. M., Mcdonnell, R. and Macmillan, B. eds.), pp. 257-264, John Wiley & Sons.
62) Longley, P. A. (1998): Foundations. *Geocomputation : a Primer* (Longley, P. A., Brooks, S. M., Mcdonnell, R. and Macmillan, B. eds.), pp. 1-16, John Wiley & Sons.
63) Fotheringham, A. S. (2000): GeoComputation analysis and modern spatial data. *GeoComputation* (Openshaw, S. and Abrahart, R. J. eds.), pp. 33-48, Taylor & Francis.
64) 奥野隆史 (2001): 計量地理学の新しい潮流—主としてローカルモデルについて—. 地理学評論, **74**: 431-451.
65) Fotheringham, A. S., Brunsdon, C. and Charlton, M. (2000): *Quantitative Geography : Perspectives on Spatial Data Analysis*, Sage.
66) Turton, I. (1999): Application of pattern recognition to concept discovery in geography. *Innovations in GIS 6* (Gittings, B. ed.), Taylor & Francis.
67) Longley, P. A., Brooks, S. M., Mcdonnell, R. and Macmillan, B. eds. (1998): *Geocomputation : a Primer*, John Wiley & Sons.
68) Turton, I. and Openshaw, S. (1997): Parallel spatial interaction models, and parallel supercomputers. *International Journal of Geographical and Environmental Modelling*, **1**: 179-198.
69) Openshaw, S. and Schmidt, J. (1997): A social science benchmark (SSB/1) code for serial, vector, and parallel supercomputers. *International Journal of Geographical and Environmental Modelling*, **1**: 65-82.
70) Openshaw, S. and Alvanides, S. (1999): Applying geocomputation to the analysis of spatial distributions. *Geographical Information Systems : Volume1, Principles and Technical Issues* (2nd ed.) (Longley, P. A., Goodchild, M. F., Maguire, D. J. and Rhind, D. W. eds.), pp. 267-282, John Wiley & Sons.
71) Birkin, M., Clarke, G. P., Clarke, M. and Wilson, A. G. eds. (1996): *Intelligent GIS*, Longman.
72) Openshaw, S. and Openshaw, C. (1997): *Artificial Intelligence in Geography*, John Wiley & Sons.
73) Diplock, G. J. and Openshaw, S. (1996): Using simple genetic algorithms to calibrate spatial interaction models. *Geographical Analysis*, **28**: 262-279.
74) Holland, J. H. (1992): *Adaptation in Natural and Artificial Systems*, MIT Press.
75) Schwefel, H. P. (1995): *Evolution and Optimum Seeking*, John Wiley & Sons.
76) 武田祐子 (1999): 時空間プリズムを考慮した中継施設の立地・配分モデル. 地理学評論, **72**: 721-745.
77) Openshaw, S. (1988): Building an automated modeling system to explore a universe of spatial interaction models. *Geographical Analysis*, **20**: 31-46.
78) Dobson, J. E. (1983): Automated geography. *The Professional Geographers*, **35**: 135-143.
79) Openshaw, S. (1978): An empirical study of some zone design criteria. *Environment and Planning A*, **10**: 781-794.
80) Openshaw, S. and Schmidt, J. (1996): Parallel simulated annealing and genetic algorithms for re-engineering zoning systems. *Geographical Systems*, **3**: 201-220.
81) 高阪宏行 (1994): 行政とビジネスのための地理情報システム, 古今書院.
82) Openshaw, S., Blake, M. and Wymer, C. (1995): Using neurocomputing methods to classify Britain's residential areas. *Innovations in GIS 2* (Fisher, P. ed.), pp. 97-112, Taylor & Francis.
83) 中谷友樹 (1997): 疾病・健康水準の空間分析. 総合都市研究, **63**: 27-43.

84) Openshaw, S. (1998): Building automated Geographical Analysis and Exploration Machines. *Geocomputation : a Primer* (Longley, P. A., Brooks, S. M., Mcdonnell, R. and Macmillan, B. eds.), pp. 95-115, John Wiley & Sons.
85) Openshaw, S., Cross, A. and Charlton, M. (1990): Building a prototype Geographical Correlates Exploration Machine. *International Journal of Geographical Information Systems*, **3**: 297-312.
86) ライト, D. J., グッドチャイルド, M. F., プロクター, J. D. 著, 小林哲郎・池口明子訳 (2002): GIS: ツールか科学か? 「ツール」対「科学」, GISの曖昧さとその解明. 空間・社会・地理思想, **7**: 48-66 [Wright, D. J., Goodchild, M. F. and Proctor, J. D. (1997): GIS: Tool or Science? Demystifying the persistent ambiguity of GIS as 'tool' versus 'science'. *Annals of Association of the American Geographers*, **87**(2): 346-362.
87) Pickles, J. ed. (1995): *Ground Truth : Geographical Information Systems*, Guilford Press.
88) Curry, M. (1998): *Digital Places : Living with Geographic Information Technologies*, Routledge.

■関連 URL

ジオコンピュテーション　　http://www.geocomputation.org/
地理情報科学国際会議　　http://www.giscience.org/
英国リーズ大学コンピュテーショナル地理学センター　　http://www.ccg.leeds.ac.uk/
英国ロンドン大学先端空間分析センター　　http://www.casa.ucl.ac.uk/
アイルランド国立ジオコンピュテーション・センター　　http://www.nuim.ie/ncg/main.htm

6

GISの人文地理学への応用

6.1 空間データモデル

　本節では，地理情報システム（GIS）を広義に「コンピュータを利用した地理情報処理」と捉えて，その人文地理分野への応用を考察し，若干の事例を紹介する．コンピュータで何か現実世界の事物を扱い，分析しようとする場合，対象事物のすべての側面をコンピュータに取り入れることはできない．目的に応じて対象事物の限定された側面を特定のやり方で捉え，最終的にはそれらを整数のセットで表現する必要がある．対象事物をコンピュータで処理・分析するための枠組みを，プーケット（Peuquet）は「データモデル」と呼び，空間的（地理的）対象事物のそれを「空間データモデル」と呼んだ[1]．地理的事物をコンピュータで扱うための空間データモデルとしては，第2章と第3章で説明されているように，ラスターデータモデルとベクターデータモデルが知られている．

　何らかの研究目的で地理的対象を扱うとき，ラスターモデルとベクターモデルのどちらを採用するかは，対象の性質によるし，研究目的にも依存する．また研究者の好みが反映する場合もある．多くの自然現象は，輪郭が明確ではない．地形，例えば富士山の輪郭を等高線によって表すことも可能ではあるが，どの高さの等高線を用いれば良いといった基準がない．地形に関しては，格子DEM（数値標高モデル），すなわち規則的な格子に従ってサンプリングされた標高値のセットを用いて表現するのが一般的であり，これは典型的なラスターデータである．一方，人文現象，例えば土地利用の場合，都市計画や固定資産税の台帳化など，対象の輪郭を厳密に扱うような目的には，ベクターモデルが適している．しかし，これとは異なる目的，例えば大都市圏全体で，土地利用種目の分布パター

ンを統計的に検討するといった目的で土地利用を分析する場合には，ラスターモデルの方がデータの扱いが容易である．

地理学の対象となる各種現象を考察すると，地形・気候・土壌などの自然現象は，対象の輪郭がはっきりせず，空間において値が連続的に変化するものが多い．これらについては，一概にはいえないが，ラスターモデルに基づく対象のモデリングが適しているといえよう．これに対し，人文現象，例えば建物・土地区画・道路などは輪郭のはっきりした地物（フィーチャ）である．都道府県・市区町村界は地物とはいえないが，やはり明確なポリゴンとして扱いうる．総じて人文地理学分野でのGISの応用は，ベクターモデルに基づくものが多いといえよう．都市計画などの業務目的で用いられる市販のGISシステムは，ベクターモデルによるデータの扱いを基本としているし，市区町村界からなる空間データと各市区町村の統計データとを関連付けて，統計地図を作図するのは，人文地理学におけるGIS応用の典型的な事例である．これらの応用例については，他の入門書等でしばしば取り上げられるので，ここではあえて，ラスターモデルに基づく人文現象についての地理情報処理の事例を紹介する．以下は，バッファリングとオーバーレイ処理による土地評価，メッシュ統計を利用した都市生態分析と，衛星画像を利用した都市内植生分布の研究事例である．また，第3の地理データモデルともいうべきネットワーク・モデルについて，その基礎となっているグラフ理論とともに，簡潔に紹介する．

6.2 バッファリングとオーバーレイ処理による土地評価

ここでは，GISに特有の処理としてしばしば取り上げられる，バッファリングとオーバーレイ処理を応用して，土地の開発適合性を評価する事例を扱う．最初に断っておきたいのは，現実の土地の開発適合性に，コンピュータでの処理になじまないものも含めて非常に多くの要因が関与するので，本書のような入門書で扱える範囲を超えているということである．ここで提示するのは，バッファリングとオーバーレイという二つの処理を説明するために仮に想定された開発適合性の評価過程である，という点に留意願いたい．ここでは，京都盆地を対象地域とし，土地が市街地でも山林でもなければ——つまり農地などであれば——開発可能であり，既存の鉄道駅からの直線距離により，住宅地などとしての開発適合

性が左右されるという，極度に単純化した前提を適用する．これは説明を簡単にするためであり，現実の土地の開発適合性がこのように単純な要因で決まるものでないことは，いうまでもない．

バッファリングとは，特定地物から一定距離内にある領域をポリゴンとして切り取る処理である．この「特定地物」は，点・線・面のどの種類のフィーチャでもよい．前述のように，フィーチャを扱うのがベクター・ベースのシステムであるため，バッファリングもベクター・ベースのGISに関連する処理と一般には考えられている．GISの運用における典型的なバッファリングは，計画されている高速道路の建設により，騒音の影響を受けるであろう範囲を画定するといった目的でなされる．

しかし，バッファリングをより広く捉えれば，特定地物からの距離レイヤーを新たに作成する作業であるともいえる．ここでは，対象地域内における鉄道駅から特定距離内の領域を切り出す代わりに，駅からの直線距離のレイヤーを作成している．もちろん，このレイヤーに対して，閾値処理を行えば，通常のバッファリングと同様の結果が得られる．

またここでは，ラスター・ベースのシステムでこの距離レイヤーの作成を試みた．対象地域の格子セルのうち，特定の値を持つ格子セルを「特定地物」とみなし，それら格子セルからの距離を対象地域内のすべての格子セルについて算出するのである．「特定地物」は格子セルの集合であればよく，点（単独の格子セル），線（格子セルの連なり），面（格子セルの面的広がり）のいずれについても同様の処理が可能である．またスプロール的市街地のように，飛び地を含む星雲状を呈し，ポリゴンとしては捉えがたい地物についても，距離レイヤーを作成することが可能である．ただし，対象地域を構成するすべての格子セルについて，すべての「特定地物」を構成する格子セルへの距離を算出して評価するという，「力任せの」処理を行っているため，格子セル数が増加すると計算量の増加のため，現実的な処理ができなくなると考えられる．この点は，アルゴリズムの改良が必要である．図6.1は，対象地域内の鉄道駅からの距離レイヤーを示している．ここで取り上げた鉄道駅は，JR，私鉄，京都市地下鉄烏丸線のそれであり，叡山電車など路面軌道とみなされるものは含んでいない．実際には，駅ごとに電車の発着本数が異なるし，駅への利便性は，直線距離でなく道路距離などを用いるべきであるが，ここでは単純化している．この駅までの距離のレイヤーを，こ

0 km　　　　　　　　　　　4 km

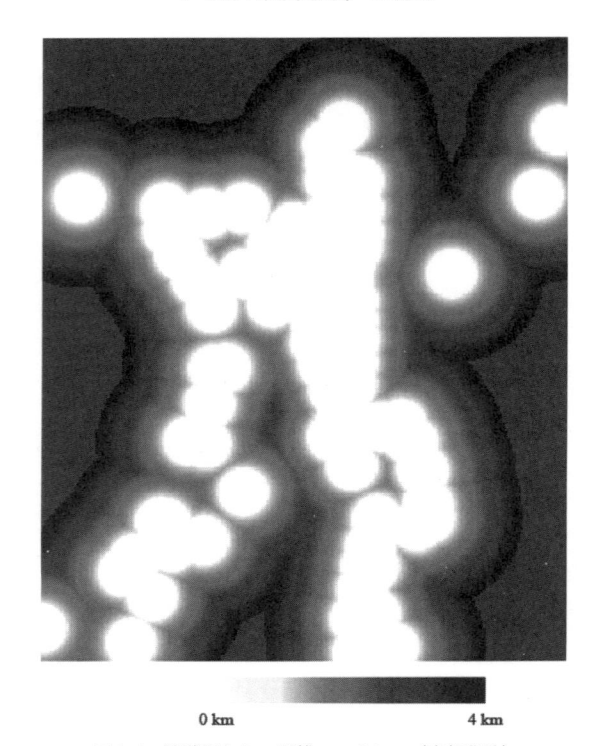

図 6.1 鉄道駅からの距離のレイヤー（京都盆地）

こでは利便性を表すレイヤーとみなすことにし，図では 0～4 km の範囲で表示している．

　オーバーレイ処理は，空間を媒介として異なる主題を組み合わせるものであり，GIS の代表的な機能である．一般にある目的に関し，土地が適するかどうかを評価し，分布図を作るためには，多くの主題にまたがる多様な要因を考慮する必要があるが，それが主題同士の重ね合わせ，すなわちオーバーレイ処理によることになる．紙の地図では，ライトテーブルの上で，異なる主題図を重ね合わせて分析することが行われたが，オーバーレイ処理はこれをコンピュータ上で実現するものである．オーバーレイ処理を実現するためには，ベクター・ベースのシステムの場合，ポリゴン同士の交差を計算するなど，複雑な幾何学的処理が必要であるが，ラスター・ベースのシステムにおいては，あらかじめ格子体系を統

一しておけば，オーバーレイ処理は同一位置にある格子セルの属性値同士の演算という極めて単純な処理となる．属性値同士の演算には，加減乗除などの算術演算のほか，《かつ》や《または》といった論理演算も行われるが，いずれもコンピュータ・プログラムへの実装は容易である．

ここで扱っている事例において，土地が開発可能であるかどうかは，土地利用の現況によるとした．データは，国土数値情報の100mメッシュ土地利用データを利用し，土地利用の種類を以下の3カテゴリーに区分した．①市街地・道路などはすでに開発済みであり，開発不可能，②農地などは開発可能，③森林・荒地・空地は開発不適――これは，森林などは山地丘陵など傾斜地を覆っているというこの地域の事情によっている．このような区分も，説明のために単純化したものであり，現実には農地が開発可能であるとは限らない．この3種類を図で表したものが，図6.2である．

そして，図6.1と図6.2を重ね合わせて（オーバーレイして），鳥瞰図として表示したものが，図6.3である．カテゴリー③の森林・荒地・空地は淡い緑色

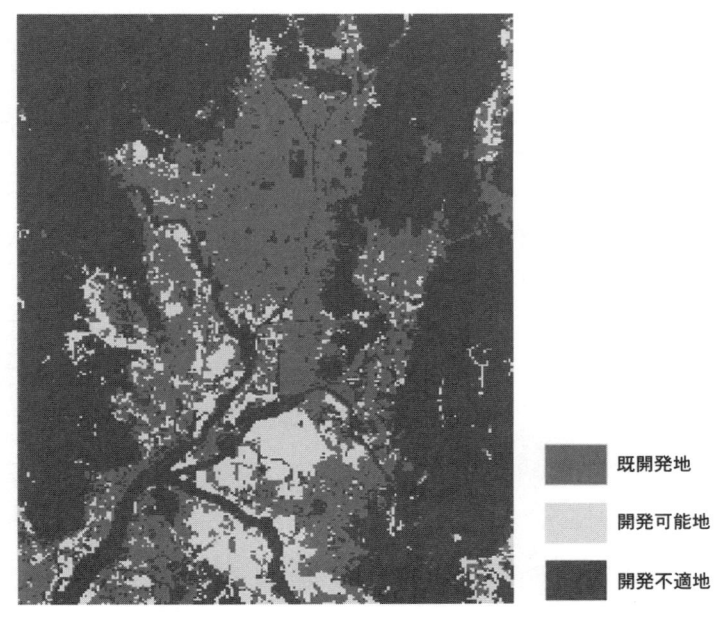

図6.2 開発可能性による土地利用の区分

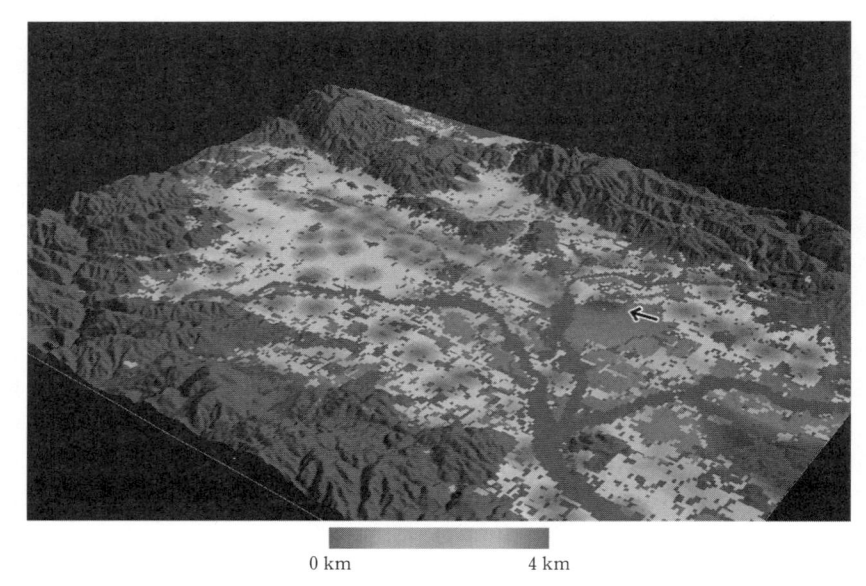

図 6.3 鉄道駅への近接性レイヤーと開発可能性レイヤーとのオーバーレイ表示（口絵 7 参照）

で表示している．駅からの距離を赤から青へ変化する色相で示し，カテゴリー①は明るく，カテゴリー②は中間調で示した．この図において中間調で示されている範囲のうち，駅に近接しているほど，つまり色相が赤に近いほど，「開発適合性が高い」ということになる．そのような部分は，図中では例えば矢印で示した部分，近鉄向島駅の西側などにみられる．この部分が開発されず，水田が広がっている理由は，ここがかつて宇治川の水が流入する巨椋池であり，干拓された今も潜在的な洪水の危険性により開発が抑制されているためである．つまり，開発適合性を評価するためには，自然地理学的土地条件もオーバーレイ処理のためのレイヤーとして加えなければならないのである．実際の土地評価のためには，関連するすべての要因を入力レイヤーに含める必要があり，さらにそうして得た結果と，コンピュータ処理にはなじまない社会・文化的要因とを勘案する必要がある．入力レイヤーの取捨選択や各レイヤーの重み付けなど，分析者の恣意に左右される部分があることを知ることも重要である．

6.3 メッシュ統計を利用した都市生態分析

　ここでは，都市地理学へのコンピュータ技術の応用について，事例を交えて述べてみたい．都市地理学へのコンピュータ技術の導入は比較的早かったが，その主要な一分野が，統計分析プログラムを利用して，人口変数の空間的分布パターンを分析する因子生態研究であった．ここでは，1970〜80年代にかけて数多く行われた因子生態研究の方法に基づいた事例を紹介する．

　因子生態研究をはじめとする都市地理学の主要な見方に，都市を植物群落のような生態系とみなすというものがある．1920年代に盛んとなるシカゴ学派に属する社会学者バージェス（Burgess）の同心円地帯説は，都市地理学のルーツといえる学説であるが，そこでは都市は外側に発展しながら，内側に発展の軌跡をあたかも年輪のように刻むものとして捉えられた．同心円地帯説では，土地利用や住民の集団は，周囲の環境との，また集団間の相互作用を経て移動・定着するものとされ，そこでは侵入や遷移といった植物生態学の諸概念が援用されている．ホイト（Hoyt）の扇形説なども，結論としての幾何学的形態こそ異なるものの，同様の説明の枠組みを採用している．今日に至るまで，都市内部の土地利用や人口変数の空間的分布を扱う都市地理学においては，このような生態学的説明が，土地の利用がもたらす利益に注目する経済学的説明と並んで，主要な研究の枠組みであり続けたといってよい[2]．

　シカゴ学派の都市社会研究を第二次世界大戦後に引き継いだのが，シェヴキー（Shevky）らによる社会地区分析（social area analysis）である．シェヴキーらは，社会全体の工業化・都市化が進むと，都市社会のいくつかの側面で分化が進むと考えた．その側面とは，社会階層（social rank），都市化（urbanization），隔離（segregation）の三つである．そして，都市内部小地域（統計区：センサス・トラクト）ごとに人口統計から得た諸変数を組み合わせた尺度で，これら3側面を代表させ，これらの側面において都市内部空間が分化していることを，ロサンゼルスとサンフランシスコ湾岸地域の事例により示した[3]．3側面を表す尺度の空間的パターンを検討したアンダーソン（Anderson）とエゲランド（Egeland）は，社会階層の尺度が扇形パターンを，都市化の尺度が同心円パターンをそれぞれ示すとした[4]．ここに扇形説と同心円説は，都市内部構造のそれ

ぞれ異なる側面を表しているとの知見が導き出された．

　社会地区分析における三つの側面についての知見を検証するために，因子分析が用いられるようになり，ここから因子生態研究（factorial ecology）が発展した．因子生態研究とは，都市内部小地域ごとの人口変数に対し，因子分析を適用して，都市内部の居住分化パターンの背後にある諸要因を解明することを目指すものである．しかし実際には，因子分析に投入する変数の取捨選択により，得られる因子パターンも異なるため，投入する多数の変数を少数の次元に要約して記述するという側面も持つ．欧米の都市を扱った因子生態研究からは，社会経済的地位，ライフサイクル，民族状況という三つの次元が得られる場合が多く，これは先述の社会地区分析における3側面に対応している．因子得点の空間的分布に関しても，先にあげたアンダーソンとエゲランドが示した結論と同様，社会経済的地位因子は扇形パターン，ライフサイクル因子は同心円パターンを示すことが多い．

　ここでは，東京大都市圏を対象地域として，因子生態研究の事例を示す．利用するデータは1990年国勢調査のメッシュ統計である．国勢調査やその他の統計調査のデータの多くは，市区町村など行政区画が空間単位となっている．これに対し，メッシュ統計は対象地域あるいは地図上に設定した規則的格子のマス目（格子セル）ごとに集計した統計データのことである．メッシュ統計は，最初の節で述べたラスターモデルに基づく空間統計データを提供することになる．国勢調査・事業所統計・商業統計など各種の統計，また地形・土地利用など統計以外の各種地理データのための共通の格子体系として，日本政府により「標準地域メッシュシステム」が策定されている．これは，国土地理院の地形図の図幅線に基づき，互いに整合する大小の格子区画を定義するものである．統計の空間単位としての行政区画に比べ，メッシュ区画は大きさや形が比較的均質であり，経時的に変化しないといったメリットがある．ここでの対象地域は，東京を中心とするおよそ東西67.5 km×南北55.6 kmの範囲で，三次（1 km）メッシュ60×60個からなる．

　国勢調査の項目から選んだ人口変数を表6.1に示す．この11個の変数に対し，統計分析パッケージ・ソフトウェア「SPSS 10.0 J for Windows」を用いて，因子分析を適用した．固有値1以上の因子が2個得られ，これにバリマックス回転をほどこした因子パターンを表6.2に示す．二つの因子への各変数の負荷パターンから，第1因子が社会経済的地位因子，第2因子がライフサイクル因子である

表 6.1 因子分析のために選定した人口変数（1990 年国勢調査）

	変数名	摘要
1	人口	総人口
2	若年人口率	総人口に占める 15 歳未満人口の割合
3	老年人口率	総人口に占める 65 歳以上人口の割合
4	製造業就業者率	就業者に占める製造業就業者の割合
5	卸売・小売・飲食店就業者率	就業者に占める卸売・小売・飲食店就業者の割合
6	金融・保険業就業者率	就業者に占める金融・保険業就業者の割合
7	サービス業就業者率	就業者に占めるサービス業就業者の割合
8	大学・短大卒業者率	学校卒業者に占める大学・短大卒業者の割合
9	専門・技術職業従事者率	就業者に占める専門的・技術的職業従事者の割合
10	管理的職業従事者率	就業者に占める管理的職業従事者の割合
11	短時間通勤者率	自宅外通勤者に占める通勤時間が 0～29 分の者の割合

表 6.2 因子分析の結果得られた因子負荷量行列
（バリマックス回転後）

	変数名	第 1 因子	第 2 因子
1	人口	0.368	0.533
2	若年人口率	0.067	−0.823
3	老年人口率	−0.134	0.792
4	製造業就業者率	−0.483	−0.415
5	卸売・小売・飲食店就業者率	0.334	0.629
6	金融・保険業就業者率	0.829	0.000
7	サービス業就業者率	0.830	0.271
8	大学・短大卒業者率	0.948	0.089
9	専門・技術職業従事者率	0.873	0.049
10	管理的職業従事者率	0.680	0.299
11	短時間通勤者率	−0.817	0.068

ことがわかる．これら二つの因子の因子得点を地図化したものが，図 6.4 および図 6.5 である．それぞれ，対象地域の地形データを鳥瞰図で表し（標高は 12 倍に強調している），その上に得点を色でドレープ（drape）している．ドレープとは，コンピュータグラフィックスを用いた鳥瞰図などのサーフェスモデルで，モデル表面にあたかも色を塗ったりパターンを貼り付けたりしたように表現する技法である．

以下にこれらの因子得点パターンの解釈を試みる．社会経済的地位因子である第 1 因子は都心を要とする扇形，ライフサイクル因子である第 2 因子は都心を中心とする同心円形を示すことがわかり，従来の知見と調和している．社会経済的地位因子の分布はまた，東京の固有な地誌的状況も映し出している．図 6.4 をみ

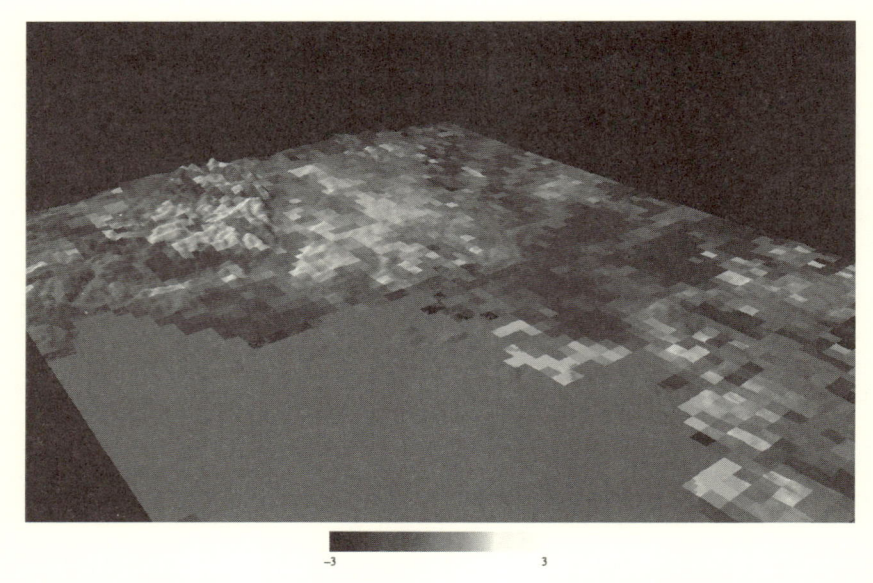

図 6.4　第 1 因子（社会経済的地位因子）の得点分布（東京大都市圏）

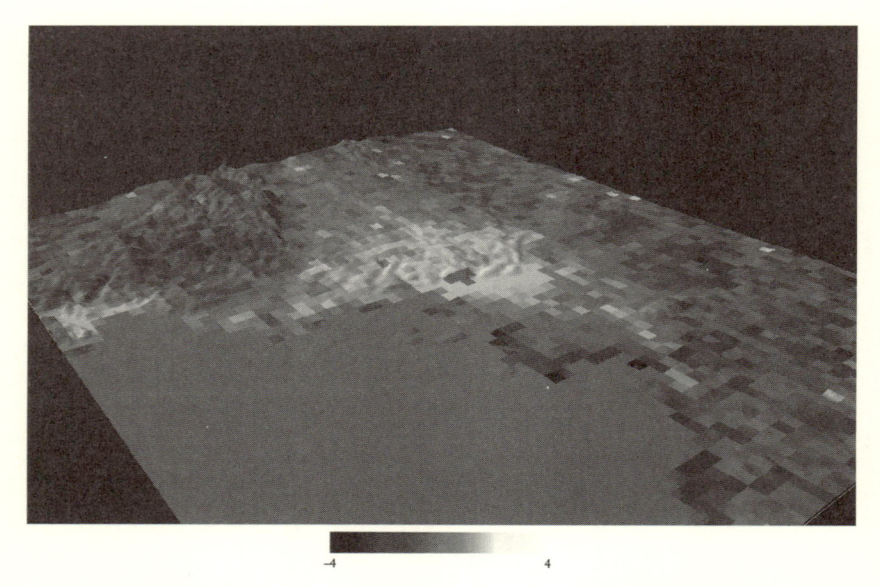

図 6.5　第 2 因子（ライフサイクル因子）の得点分布（東京大都市圏）

れば，得点の高い地域が，武蔵野台地・多摩丘陵・下総台地といった台地・丘陵地にあることがわかる．江戸・東京は，洪積台地である武蔵野台地と荒川などが形成した沖積低地である東京低地の境目に立地し，両側に「山の手」と「下町」を形成しつつ発展してきたのであるが，因子得点のパターンは両者の対照を反映している．地形と因子得点を重ね合わせて表示することにより，人口特性が地形の影響を受けていることがわかるのである．

さらにまた，ライフサイクル因子のパターンからは，バブル崩壊前後の東京大都市圏の時代的に固有な状況もみられる．ライフサイクル因子は，人口の年齢構成を代表し，ここでは数値が低いほど年齢構成が若く，多くの若年層を含んでいる．この因子は，都心や旧市街で数値が高く，郊外で低いというのが，従来の知見であり，その傾向は図 6.5 でも読み取れる．しかし，これとは別に浦安市など東京湾岸に低い数値がみられ，若い世帯がこれらの地域に集中していることがわかる．郊外へ行くほど年齢構成が若いという従来の傾向に変化がみられるのである．ここで扱った内容は，最近倉沢・浅川も取り上げているが，社会学の文脈では地形など人口以外の変数があまり考慮されていない[5]．GIS を利用して，地形・土地利用など多様な地理データと重ね合わせることにより，人口変数の分布あるいは都市の発展を規定する要因についてより良く洞察できることがわかる．

6.4 衛星画像を利用した都市の植生分布分析

地表における植物の存在は，人間活動とさまざまな関わりを持ち，自然地理学だけでなく人文地理学の主要な研究対象である．農業や林業を通じての，人と植物の関わりの重要性は，改めて指摘するまでもないが，都市生活においても，緑（植物）の存在は，住民の生活にうるおいを与え，都市環境の質を規定する重要な要素となっている．そのため，都市の緑地についての研究が人文地理学の分野で蓄積されてきた．それらの多くは，都市計画の枠組みで都市内に配置された公園・緑地についての研究である．しかし，そのような公園・緑地以外にも，街路樹や宅地を取り囲む生け垣，建物敷地や庭の植樹なども，都市内の緑として意味があるし，スプロール的に都市化した地域において，宅地と混在する農地や樹林も，都市の緑として位置付けることが可能であろう．反対に，土地利用の項目上は，公園・緑地に分類されていても，運動場など，緑に覆われていない部分もある．

したがって，都市計画・土地利用上の公園・緑地の研究とは別に，都市景観の要素としての植物の存在そのものを研究する意義があるといえよう．対象地域のフィールドワークを通して，街路樹や生け垣の分布図を作成することができる．また，カラー空中写真から樹木等の存在を判読することも可能である．ここでは，衛星画像データを利用して，植生分布を図化する方法を紹介する．都市計画や建築の分野では，緑の存在は「緑被」として把握され，地表面が植物に覆われている割合は緑被率という指標で示される．リモートセンシングの分野において，衛星画像データから植生の強さを表す数量的指標を算出する方法が考案されてきた．

ランドサット衛星をはじめとする地球観測衛星は，地表からの電磁波（主に太陽からの反射）をセンサーで取得し，数値データとして地上に送信し，編成される．そのアウトプットは観測された放射輝度値が格子状に配列されたものとなるので，ここでいうラスターデータの形をとり，デジタル画像ということもできる．この種のデータは，1970年代から供給され始め，地球科学などの自然科学分野で利用されてきた．しかし，データが高価なこと，データを利用するためのコンピュータ・システムも，ハードウェア，ソフトウェアを含めて特殊かつ高価であったこと，データの利用に高度な技術を要したことなどにより，人文地理学分野での利用は限定されたものにとどまっていたといえよう．今日でこそ，多色のグラフィックを抜きにして，コンピュータの利用は考えられないが，1980年代にパソコンが普及する以前は，グラフィック装置はコンピュータ・システムの中でも特殊で高価なものであった．

しかし，パソコンが普及した後は，多色グラフィック装置はコンピュータに標準装備されるようになり，もはや特殊なものといえなくなった．データに関しても，今日でも安価とはいえないが，以前よりも種類が増え，入手しやすくなっている．データのメディアも，以前はオープンリールの磁気テープで供給され，これは大型計算機システムでなければ利用できないようなものだったが，今日では，CD-ROMで供給され，パソコンでの利用が容易になっている．残された問題は，依然として高価な衛星画像データ処理ソフトウェアと，ユーザーの技能ということになる．ここでは，筆者が試みに開発したソフトウェアを利用することを通して，人文地理的なテーマでの衛星画像データの利用を取り上げる．

衛星画像データ利用の事例として，ここでは，2000年8月25日に撮影された

6.4 衛星画像を利用した都市の植生分布分析

ランドサット衛星 ETM＋センサーの衛星画像データを利用して，植生分布を地図化する事例を紹介する．図 6.6 は，京都盆地の範囲を撮影したバンド 3（可視光線の赤）の画像である．そこでは，市街地・耕地が明るく，樹林・水域が暗く写っていることがわかる．図 6.7 は，バンド 4（近赤外線）の画像である．そこでは，水域が暗く，市街地は中間調に写っている．植物に含まれる葉緑素は，近赤外線を強く反射する性質があるので，植物は樹林・耕地とも明るく写っている．こうしたことから，ピクセル値が相対的にバンド 3 で低くバンド 4 で高いピクセルは植物を多く含み，バンド 3 で高くバンド 4 で低いピクセルは植物が少ないというように，各ピクセル（地点）を特徴付けることができよう．

図 6.6，図 6.7 に含まれる約 20 万あるピクセルのバンド 3 およびバンド 4 の値の分布を，2 次元のヒストグラムで描いたのが，図 6.8 である（横軸にバンド 3 の値，縦軸にバンド 4 の値を当てている）．図中に，値の集塊（クラスター）が見られるが，これは，図 6.6，図 6.7 の中に見える，異なる土地被覆を表している．そして，扇形を呈する値の分布範囲において，原点からの角度が急で，縦

図 6.6 京都市街地周辺の可視光線（バンド 3）によるランドサット衛星画像（2000 年 8 月 25 日撮影）提供：（財）リモート・センシング技術センター

図 6.7 京都市街地周辺の近赤外線（バンド 4）によるランドサット衛星画像（2000 年 8 月 25 日撮影）提供：(財)リモート・センシング技術センター

軸寄りの方が植生が濃く，角度が緩やかで横軸寄りの方が植生が薄いというように指標化が可能である．

このように，植生の強さを表すために，衛星画像の可視光線バンドと近赤外線バンドの値から算出される指標を，植生指標という．この種の指標としては，可視光線バンドと近赤外線バンドの値の比率であるバイバンド比と，両者の差を両者の和で割った値である正規化差分植生指標（normalized differential vegetation index：NDVI）が知られている[6]．NDVI は，以下の式で表され，−1 と 1 の間で変化する．

$$\mathrm{NDVI} = \frac{\mathrm{IR} - \mathrm{V}}{\mathrm{IR} + \mathrm{V}}$$

（IR は近赤外線のピクセル値，V は可視光線のピクセル値）

竹内は，バイバンド比と NDVI について，空中写真から作成した衛星画像ピクセルごとの緑被率との相関を検討し，とりわけ NDVI が都市の緑被率の分布を明らかにするために有効であることを示した．NDVI を計算するプログラムを

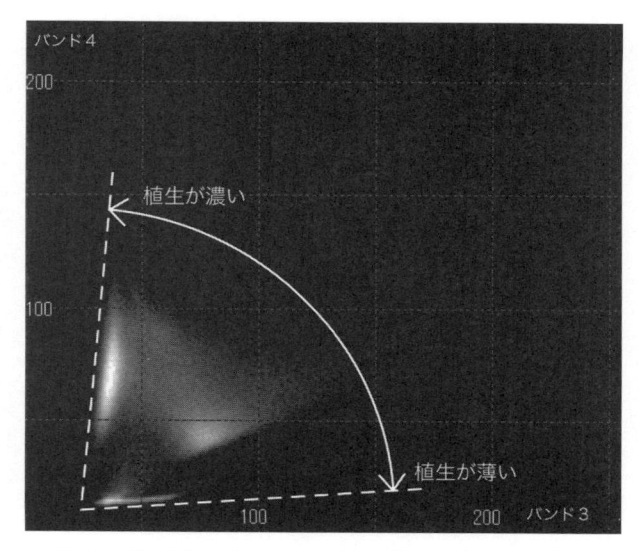

6.4 衛星画像を利用した都市の植生分布分析　　　　153

図6.8 図6.7および図6.8のピクセル値の2次元ヒストグラム

作成することは容易であるし，市販の数値計算ソフトウェアを利用して算出することもできる．

　ところで，衛星画像のピクセル値には，大気の散乱がもたらす濁りの成分が含まれ，地上の黒い物体が黒く見えないということが起こる．透明なグラスに白濁した水を入れて黒い机の上に置き，上から眺めてもグラスを通して見る机は黒く見えないのと同じである．これをパスラジアンス（光路輝度）といい，ピクセル値のヒストグラムの低い値のすそがゼロにならず，浮き上がる現象として現れる．図6.6においても，値の分布が展開する扇形の「要」の位置が，とくにバンド3の軸に沿って，原点からやや浮いているのがわかるであろう．そこで，パスラジアンスにより増加した値を控除して，言い換えれば図の原点ではなく扇形の「要」の位置を基準にして，NDVIを計算すれば，より偏りのない植生指標を得られることになる．ここで使用しているソフトウェアでは，扇形の「要」の位置をマウスでクリックすることにより，パスラジアンス分を控除したNDVIを算出する．その結果を図6.9に示す．

　結果として得られた植生指標の分布図では，樹木で覆われている部分で高い値を示し，水田など耕地やゴルフ場は中間の値，市街地など樹木の少ない部分では

図6.9 算出された正規化差分植生指標の分布図（京都市街地周辺）

低い値，水域においては最も低い値を示す．これにより，数量的な手順で植物の分布を示す図が得られることがわかる．この値は，季節などによっても当然変化する．また，同じ市街地においても，都心近辺の密集した市街地に比べ，郊外における低密度の住宅地の方が，庭の植樹などを反映して相対的に高い値を示していることがわかる．こうした結果と，フィールドワークなどで得られた観察などとを組み合わせて，市街地における緑，住宅地の性質などを考察する素材とすることができるのである．

6.5 ネットワーク分析

　GISの応用の中で，最近普及が著しいものとしてカーナビゲーションシステム（car navigation system）がある．GPS（全地球測位システム）を用いて自動車の現在地を定め，道路地図の上に表示する．さらに交通規制などの情報を考慮しつつ，道路網上で出発地から目的地に至る最適経路を明らかにし，ドライバーに指示を与えるというものである．地物（フィーチャ）としての道路は，ベクターモデルやラスターモデルで扱いうるが，道路を地物として把握し，表現しただけでは，最適経路などを導き出すことはできない．この目的のためには，道路網をネットワークとして把握する必要がある．ここでネットワークとは，地点間の関係のセットとして定義することができ，ネットワーク上で最適経路を明らかにすることは，関係のセットとしてのネットワークを分析することなのである．

　カーナビゲーションシステムに関連していえば，おそらく日本に固有の応用分野として公共交通網のナビゲーションがある．これは出発地と目的地を入力すれば，適切な鉄道路線や乗換駅，また運賃などを表示するものであるが，地点（駅）間の関係についての情報を分析することにより，機能を実現している．他にネットワークを扱うGISの応用分野として，施設管理（facility management：FM）がある．これは電気・ガス・水道などの供給網，また電話などの通信網を維持・管理するためのものであるが，これらの施設もネットワークとしての性質を持っている．

　ネットワークを点と点を結ぶ関係のセットとして捉えたものをグラフと呼び，グラフの性質を研究する数学の分野をグラフ理論（graph theory）という．地理学分野へのネットワーク分析やグラフ理論の導入は，カンスキー（Kansky）やハゲット（Haggett）とチョーリー（Chorley）に始まり，奥野らによって日本に紹介された[7]．ここでは，テーフ（Taaffe）とゴージェ（Gauthier）の記述に基づき，グラフ理論の初歩的応用を紹介し，コンピュータ・プログラムへの実装を試みる．

　今，図6.10のような点と線で表されるネットワークがあるとする．その点と点の間の関係を，コンピュータで扱うために整数のセットで表現すると，図6.11に示すような行列（matrix）となる．$v1$から$v7$まである点は，行列にお

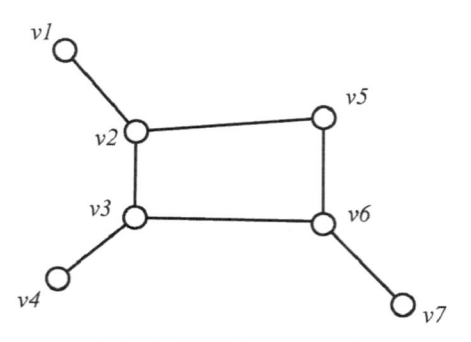

図 6.10 仮想的なネットワーク

	v1	v2	v3	v4	v5	v6	v7
v1	0	1	0	0	0	0	0
v2	1	0	1	0	1	0	0
v3	0	1	0	1	0	1	0
v4	0	0	1	0	0	0	0
v5	0	1	0	0	0	1	0
v6	0	0	1	0	1	0	1
v7	0	0	0	0	0	1	0

図 6.11 図 6.10 で示したネットワークの行列表現

ける行と列に対応し，点と点が線で直接結ばれているなら，行と列に対応する行列要素に1が入る．直接結ばれていないなら0である．ネットワークをこのように表現することにより，コンピュータでの処理が可能となる．

図 6.11 の行列表現は，点と点の間の直接的な関係しか示さないが，ネットワーク上では複数の点や線を介して，点と点が間接的に結ばれている．直接的な結び付きについての情報から間接的な結び付きを明らかにするには，行列に対し演算を行う．二つの線を介した点間の結び付きを得るためには，行列を2乗するのであるが，詳細はテーフとゴージェ[8]を参照していただきたい．行列の乗算に，連立方程式を表現したり，図形に回転・変形を加えたりといった意味があることは，高校で学習するが，行列の乗算でこのようなこともできるのである．

この行列の乗算を，コンピュータ・プログラムに実装したものが，リスト1である．プログラミング言語C++で記述されており，C++の開発環境を用いて

〔リスト1〕

```
#include <iostream.h>
#include <fstream.h>

main(int argc, char *argv[]) {
        //変数の宣言.
        int mtx1[20][20], mtx2[20][20], mtx3[20][20];
        int n, i, j, k;

        //コマンドライン引数が2つでない場合は，使用法を表示して終了する.
        if(argc != 3) {
                cerr << "Usage: mm <filename1> <filename2>\n";
                return 1;
        }

        //ファイル1を開く．エラーの場合はその旨表示して終了する.
        ifstream fin1(argv[1]);
        if(!fin1)  {
                cerr << "Can't open file1!\n";
                return 1;
        }

        //ファイル1の内容の読み込み.
        fin1 >> n;                              //行列の行・列数の読み込み.
        for(j=1; j<=n; j++) {
                for(i=1; i<=n; i++) {
                        fin1 >> mtx1[i][j]; //行列各要素の読み込み.
                }
        }
        fin1.close();                           //ファイル1を閉じる.

        //ファイル2を開く．エラーの場合はその旨表示して終了する.
        ifstream fin2(argv[2]);
        if(!fin2)  {
                cerr << "Can't open file2!\n";
                return 1;
        }

        fin2 >> n;                              //行列の行・列数の読み込み.
        for(j=1; j<=n; j++)   {
                for(i=1; i<=n; i++) {
                        fin2 >> mtx2[i][j]; //行列各要素の読み込み.
                }
        }
        fin2.close();                           //ファイル2を閉じる.

        //結果を入れるための配列には，あらかじめ0を入れておく.
        for(j=1; j<=n; j++)    {
                for(i=1; i<=n; i++) {
                        mtx3[i][j] = 0;
                }
        }

        //行列の掛け算を実行.
        for(j=1; j<=n; j++)      {
```

```
                    for(i=1; i<=n; i++) {
                            for(k=1; k<=n; k++) {
                                    mtx3[i][j] += mtx2[i][k] * mtx1[k][j];
                            }
                    }
            }

            //結果を標準出力に出力.
            cout << n << "\n";                                  //行・列数の出力.
            for(j=1; j<=n; j++)   {
                    for(i=1; i<=n; i++) {
                            cout << mtx3[i][j]; //行列各要素の出力.
                            if(i < n)   {
                                    cout << "\t";         //各列はタブで区切る.
                            }
                    }
            cout << "\n";                                       //各行は改行で区切る.
            }
            return 0;                                    //戻り値として0を返す.
}                                               //プログラムの終わり.
```

〔リスト2〕

7 [改行]						
0	1	0	0	0	0	0 [改行]
1	0	1	0	1	0	0 [改行]
0	1	0	1	0	1	0 [改行]
0	0	1	0	0	0	0 [改行]
0	1	0	0	0	1	0 [改行]
0	0	1	0	1	0	1 [改行]
0	0	0	0	0	1	0 [改行]

実行形式とする（以下の例では，プログラムに "mm" という名称をつけている）．プログラムの実行はウィンドウズの「コマンドプロンプト」の環境で行う．図6.11の内容をテキストファイルにしたものがリスト2で，ファイル名は "c01.txt" としている．1行目は行・列数（点の数）を表し，以下の行に行列の内容を含む．以下に実行例を示す．

    C:¥> mm c01.txt c01.txt

このように実行すると，行列乗算の結果を画面に表示する．出力されたこの行列は，二つの線を介した点と点の間の結び付きを表す．ただし，$v2 \to v1 \to v2$ と

いうような，交通経路としてはあまり意味のない結び付きが多く含まれ，冗長なものとなっている．さらに三つの線を介した結び付きを導き出すために行列を3乗するには，まず2乗した結果をファイルに保存する必要がある．これは以下のようにプログラムの出力をリダイレクトすればよい．

C:¥> mm c01.txt c01.txt >　c02.txt

そして，行列の3乗を得るには，以下のように実行する．

C:¥> mm c02.txt c01.txt

ここでは，ネットワーク分析の初歩として，行列乗算の例を取り上げた．ここからトポロジー的距離（shimbel距離）の算出，有値グラフの処理などへと進むわけであるが，無味乾燥なプログラム・リストに紙幅を費やすわけにもいかないので，ここでの説明はこのくらいにしておく．筆者のホームページにコピーしてすぐ使えるソースコードなどを掲載しているので，興味のある読者はご覧いただきたい（http://www.users.kudpc.kyoto-u.ac.jp/~p51987/）．

本章での説明では，SPSS以外には市販のGISソフトウェアなどを利用せず，筆者の手作りのソフトウェアを用いてきた．手作りのソフトウェアで市販のソフトウェアの機能をカバーすることは不可能であるが，必要な機能だけを実現するなど，小回りがきいて便利なことも多い．最後にあげた行列の処理などは，プログラミングの平易な例であり，興味のある読者は，これらを足がかりにプログラミングにも挑戦していただきたいと思う．　　　　　　　　　　　　　　　〔小方　登〕

文　　献

1) Peuquet, D. J. (1984): A conceptual framework and comparison of spatial data models. *Cartographica*, **21**(4): 66-113.
2) 以上の議論，また以下の社会地区分析・因子生態研究については，一般的な都市地理学の教科書や以下の展望論文を参照されたい．
   森川　洋（1975）：都市社会地理研究の進展―社会地区分析から因子生態研究へ―．人文地理，**27**(6): 638-666.
3) Shevky, E. and Williams, M. (1949): *The Social Areas of Los Angeles: Analysis and Typology*, University of California Press. Shevky, E. and Bell, W. (1955): *Social Area Analysis: Theory, Illustrative Application and Computational Procedures*, Stanford University Press.
4) Anderson, T. R. and Egeland, J. E. (1961): Spatial aspects of social area analysis. *American Sociological Review*, **26**(3): 392-399.
5) 倉沢　進・浅川達人編（2004）：新編　東京圏の社会地図　1975-90，東京大学出版会．
6) 竹内章司（1987）：衛星画像の植生指標による画素内緑被率の推定．写真測量とリモートセンシング，**26**(4): 4-12. 尹　敦奎・梅干野晁（1998）：都市域における画素内緑被率推定のための指標．日本リモートセンシング学会誌，**18**(3): 4-16. 平野勇二郎・安岡善文・柴崎亮介（2002）：都市域

を対象としたNDVIによる実用的な緑被率推定. 日本リモートセンシング学会誌, **22**(2): 163-174.
7) Kansky, K. (1963): *Structure of Transport Networks*, Department of Geography Research Papers, 84, University of Chicago. Haggett, P. and Chorley, R. (1970): *Network Analysis in Geography*, St. Martin's Press. テーフ, E. J., ゴージェ, H. L. 著, 奥野隆史訳 (1975): 地域交通論, 大明堂 [Taaffe, E. J. and Gauthier H. L. (1973): *Geography of Transportation*, Prentice-Hall]. また, 新版として次のものがある. Taaffe, E. J., Gauthier, H. L. and O'Kelly, M. E. (1996): *Geography of Transportation : Second Edition*, Prentice‐Hall. 奥野隆史・高森 寛 (1976): 点と線の世界: ネットワーク分析, 三共出版.
8) 前掲7), テーフ, E. J., ゴージェ, H. L. (1975).

7

自然環境研究への適用

　GISは，多様な空間スケールで生じる地理的現象の定量的かつ総合的な解析を可能とする．また，近年のパーソナルコンピュータの高速化と，安価で多機能なGISソフトウェアの普及により，個人レベルでGISを活用できる環境が整ってきた．このため，自然地理学とその関連分野において，GISを活用した自然環境の研究が数多く行われている．本章では，これらの研究の概略を分野別に紹介する．

　自然地理学は，地形学・水文学・気候学の3大分野に区分されることが多く，そのいずれの分野にもGISが導入されている．また，植生地理学と土壌地理学の分野でも，とくに海外においてGISが頻繁に利用されている．そこで本章では，上記の5分野の研究を紹介し，続いて複数の分野に大きくまたがった研究を紹介する．研究事例を選ぶ際には，多様な主題が含まれるように考慮したが，紙面に限りがあるため，GISの利用効果が高く既存研究が多い主題を優先した．また，デジタル地図画像や鳥瞰図を用いたプレゼンテーションのためにGISが頻繁に利用されているが，本章ではGISを現象の分析やモデル化に用いた事例を主に取り上げた．

　日本では，自然地理学とその関連分野にGISを適用した研究がまだ相対的に少ない[1]．このため，本章では海外の文献が多く引用されている．ただし，図は読者に身近な日本の事例から取り上げるようにした．また，引用文献が過多にならないように，一カ所で引用する文献は一例のみとした．したがって，重要な文献であっても引用されていない場合が多いことをご理解願いたい．

7.1 地　形　学

7.1.1 基礎情報としての地形データ

　地理学は，主に地表で展開される現象を対象とする．このため，地理学の多様な分野の研究で，地形データが基礎情報として用いられている．GISで地形を表す際には，①ベクター等高線，②不等三角形網（TIN），③ラスター標高モデル（グリッドDEM）の三つが主に利用される．紙地図の等高線をデジタイズすると，GISで利用可能なベクターデータが得られる．ベクター等高線データには，傾斜方向の認定が正確で，地形が単純な場合にはデータ量が小さいという利点がある[2]．しかし，ベクターデータの処理は技術的に難度が高く，情報の密度が場所によって変わるために統計解析が複雑になる．このため，地図の背景に等高線を表示する場合を除くと，ベクター等高線データの利用例はまだ少ない．

　TINは地表を多数の三角形で近似する方法である．TINは面的な情報であるため，任意の点の標高値を表現でき，尾根線や谷線の位置を正確に反映できる[3]．しかし，TINは地形を過度に直線化して表す傾向がある．また，面の大きさが不定であるため，統計解析の際には等高線と同様の問題が生じる．

　GIS研究で最も頻繁に用いられる地形データはグリッドDEMであり，等間隔で標高値をサンプリングしたラスターデータである．グリッドDEM（以下，単にDEMと記す）は構造が単純なために処理が容易であり，データの分布が均質なために有意な統計解析を行いやすい．このため，多くの既存のGISソフトウェアがDEMの分析機能を搭載しており，日本の国土地理院や米国の地質調査所（USGS）などの公的機関が地形データをDEMの形で提供している．かつては流通していたDEMの格子間隔が大きかったために，地形の詳細な分析が困難であったが，この問題は解消されつつある．例えば，日本と米国の全土について格子間隔約30～50 mのDEMが整備され，広く公開されている．さらに，ステレオ撮影された空中写真や衛星画像に写真測量法を適用することにより，数m以下の格子間隔を持つ高解像度DEMを取得することもできる[4]．ただし，全球の陸地をほぼカバーするDEMは，軍事機密上の理由などにより解像度約90 mのものしか一般には公開されておらず（米国地質調査所が配布しているSRTM），状況の改善が望まれる．

7.1.2 基本的な地形解析

　DEM は地形の構造に関する多様な情報を提供する．DEM に記録された標高値を集計すると，ヒプソグラフ（高度面積曲線）やヒプソメトリック・カーブ[5]を容易に構築できる[6]．かつては，このような分析は手作業で行われ[7]，膨大な時間を要したが，コンピュータの利用により作業速度が飛躍的に向上し，データの補正等も容易になった．DEM から算出された高度面積分布は，平坦面の分布を含む地形の基本構造の把握[8]，高度帯別の地形形成プロセスの比較[9]，高度頻度分布と流域形状との関係の分析[10]などに利用されている（図7.1）．

　また，DEM の標高値を差分すると各格子点の傾斜と曲率を計算できる[11]．傾斜と曲率は地表の物質移動と斜面の安定性を強く規定する[12]．このため，両者を DEM から算出する機能が多くの市販の GIS ソフトウェアに搭載されており，計算方法も多数提案されている[13]．この機能を活用し，傾斜の頻度分布の定量的把握[14]，傾斜と高度との関係の分析[15]，流域の傾斜・曲率と水の流出との関連の解明[16]などが行われている（図7.2）．また，DEM から各地点における最大傾斜の方向（斜面の向き）を求める機能も，多くの GIS ソフトウェアに搭載されている．

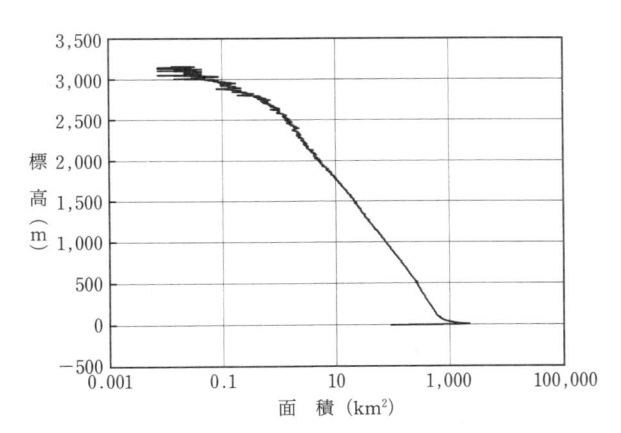

図7.1　国土地理院の数値地図 250 m メッシュから作成した日本列島の高度面積曲線（Oguchi, 1997）[9]

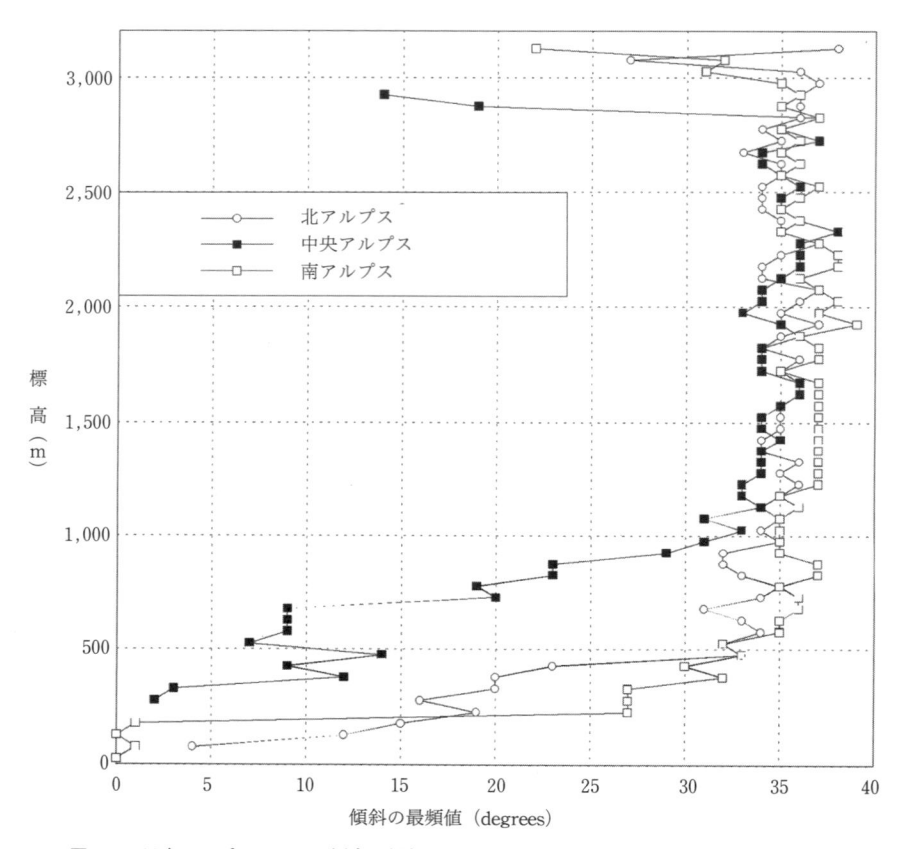

図 7.2 日本アルプスにおける標高と傾斜の最頻値との関係（Katsube and Oguchi, 1999）[15]

7.1.3 地形変化の把握

　異なる時期の DEM に記録された高度を差し引くと，地形の変化量を面的に把握できる．ただし，地形変化の速度は一般に遅いため，DEM から算出される高度差の絶対値は小さい場合が多い．したがって，上記の手法を用いる際には高精度の DEM を要する．このため，近距離から撮影された空中写真や地上写真に写真測量法を適用して高解像度の DEM を取得し，地形変化を求める場合が多い[17]．分析の対象となる地形変化は，洪水に起因する河床変動[18]，ガリー侵食[19]，砂丘の移動[20]，地滑りの変形[21]といった速度が大きなものが主体となる．

一方，20世紀の前半に撮影されたような古い時期の空中写真を利用してDEMを作成し，最近のDEMと比較すれば，速度が小さな地形変化を抽出できる可能性もある．しかし，一般に古い写真は小縮尺で画質が悪いため，そこから得られるDEMの誤差が大きくなりやすい点に注意を要する．複数のDEMから得られた地形変化の面的データは，土砂移動の分析とモデル化のために有用な情報となる．

7.1.4 水系と流域の自動抽出

水系網と流域の形状に関する定量的分析は，ホートン（Horton）による先駆的研究以降[22]，地形学の主要な研究テーマになっている．以前は，水系網や流域界の認定を地形図上での手作業によって行ったが，現在ではDEMから水系や流域界を自動抽出する機能が多くのGISソフトウェアに搭載されているため，作業時間を大幅に短縮できる．

DEMから水系を抽出する際には，各格子点における水の流下方向を地形から決定して各格子点の水の集中度を求め，その値が高い格子点を連ねた線を水系と

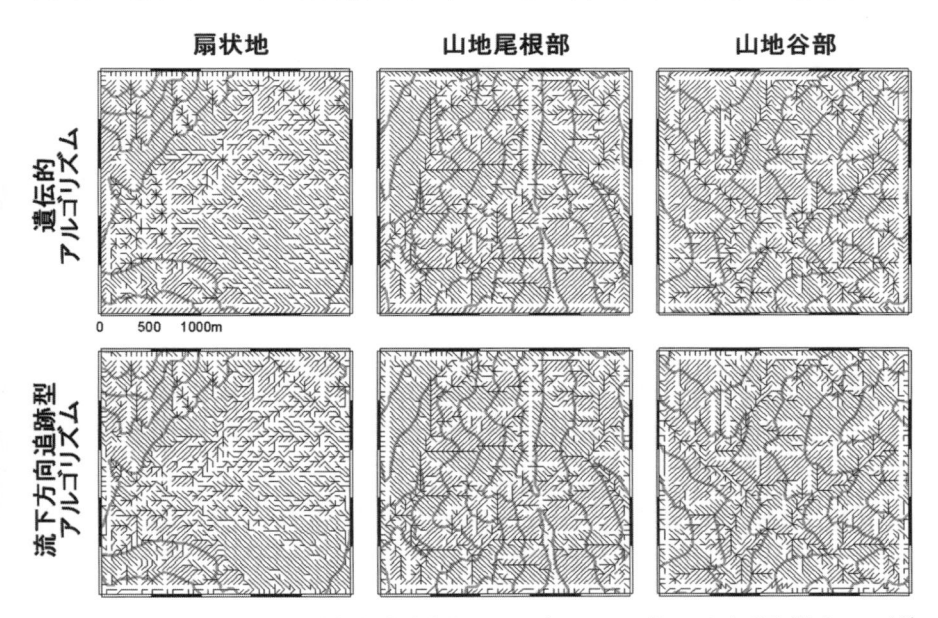

図7.3 遺伝的アルゴリズムおよび流下方向追跡型アルゴリズムによって得られた水系図（中山，1999）[23]

みなす場合が多い[24]．また，水の流下方向のデータを用いると，任意の格子点の上流域を認定できる．これらの手法の原型は 1970 年代に提案されたが[25]，DEM が離散データであることに起因する不自然な凹地の発生や，低起伏の地域における精度低下などの問題があるため，多くの改良が行われた[26]．また，DEM とベクター水系データの併用や，確率論的な手法の導入により，水系抽出の妥当性を高める試みも行われている（図 7.3）．さらに，DEM から抽出した水系の次数を自動的に求めると，ホートン則などの水系構造の分析を効率化できる[27]．

　DEM と GIS を用いて流域の範囲を認定すると，流域の諸特性を求める際に有用なポリゴンデータが得られる．例えば，このポリゴン内部の標高値を集計すると，流域の平均高度や高度頻度分布を即座に得ることができる．

7.1.5　自動地形分類

　地形学の旧来の手法の中には，客観性があまり高くないものがある．例えば，空中写真を用いた地形判読や地形分類は，対象が同一であっても作業者による差異が生じやすい．そこで，DEM を用いて地形を自動的に分類し，結果の客観性と作業効率を高める試みが行われている．

　DEM を用いた曲率の算出と谷線の抽出機能を応用すると，尾根，谷，凸型斜面，凹型斜面といった山地や丘陵の基本的な地形構成要素を自動的に分類できる[28]．さらに傾斜や谷密度（地形の粗度）などの要素を加味して斜面を細分することもできる（図 7.4）．また，山地，丘陵，低地といった大地形を自動分類した事例もある[29]．これらの研究では，対象地域の地形をもれなく分類しているが，特定の地形の抽出に DEM と GIS を用いる場合もある．例えば，標高や傾斜が一定範囲にある格子点を抽出すると，氾濫原，河成段丘，扇状地などを客観的に認定できる[30]．また，地形的なリニアメントも自動抽出できる[31]．

　自動地形分類の研究では，結果の妥当性の評価が重要である．DEM を用いて五大湖付近の平坦地の氷河地形を分類した研究では，既存の第四紀地質図との適合度が 6 割程度であった[32]．この値は，小起伏の地域において格子間隔約 100 m の DEM を用いて得られたものであり，起伏が明瞭な地域でより詳細な DEM を使用すれば，適合度の向上が期待できる．したがって，自動地形分類の利用可能性は高いと判断される．

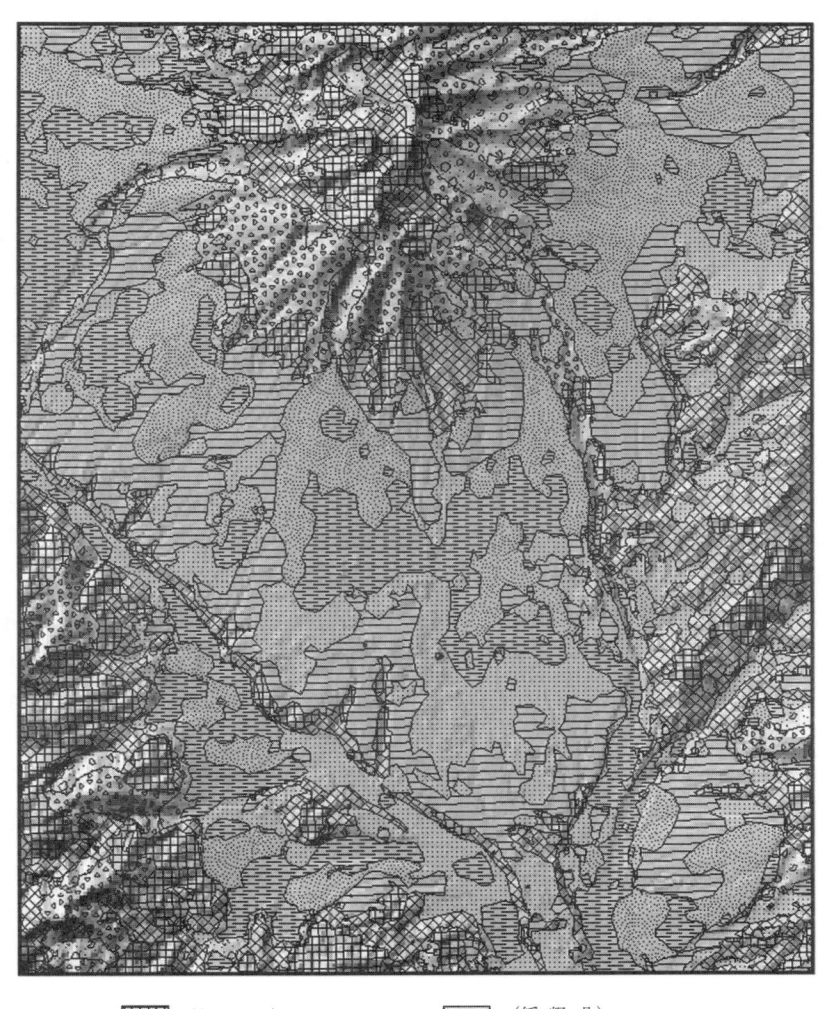

	(急-粗-凸)		(緩-粗-凸)
	(急-平滑-凸)		(緩-平滑-凸)
	(急-粗-凹)		(緩-粗-凹)
	(急-平滑-凹)		(緩-平滑-凹)

図 7.4 八ヶ岳南部の自動地形分類（岩橋，1994 を改変）[33]

7.1.6 侵食モデルの構築

上記の 7.1.1〜7.1.5 項の研究は，DEM のみを利用すれば実行できるが，他のデータを GIS に入力して DEM と同時に解析すると，より高度な応用が可能となる．その代表例は侵食モデルの構築であり，とくに斜面崩壊と土壌侵食に関する研究が多い．

豪雨で発生する斜面崩壊の分布特性を定量化する際に GIS が利用されている（図 7.5）．また，地質図や土地利用図を崩壊分布図とともに GIS に入力し，DEM から求めた傾斜や斜面方向と併せて解析すると，崩壊の分布と場の条件との関係を分析できる[34]．同様の手法を用いて，崩壊や地滑りの累積が斜面の傾斜に与える影響を検討した事例もある[35]．さらに，DEM を用いて斜面上での水の移動過程や土壌水の飽和度を推定すると，崩壊を斜面水文学的に説明するモデルを構築できる[36]．後者の研究では，ある地点の流域面積，斜面長，局所勾配などを複合させた複雑な地形の指標を DEM から算出し，それを用いて水文過程を再現する場合が多い[37]．また，地震動によって生じる崩壊の解析[38]や，林道に沿って生じる崩壊の分析とモデル化[39]にも DEM と GIS が活用されている．

GIS を用いた土壌侵食の研究では，USLE (Universal Soil Loss Equation) もしくはその改良型のモデルが多く利用されており，DEM，降水量，植生，土壌などのデータを重ね合わせ，演算によって侵食速度を推定する[40]．この種の研

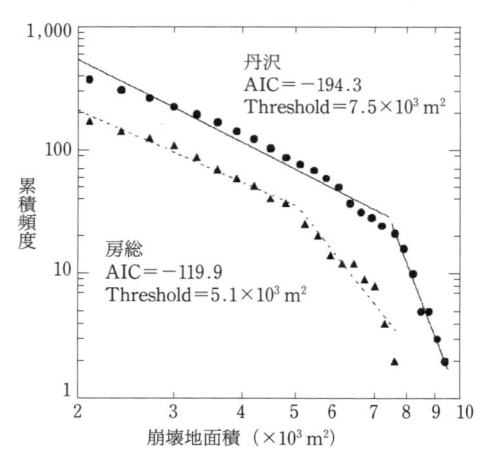

図 7.5 丹沢山地および房総における崩壊面積頻度分布（田中・隈元，2000）[41]

究では，リモートセンシング画像を利用して植生や土地利用のデータを効率的に取得する場合が多い[42]．得られた侵食速度の分布を土壌特性の分布と組み合わせると，農業のための土地の利用可能性を評価できる[43]．また，林道の上面で生じる侵食をベクター型の GIS を用いて分析した事例もある[44]．

上記のように，GIS や DEM は侵食のモデル化に有用であるが，堆積に関する研究に利用された例は少ない．この原因として，堆積現象には単純なモデルを適用しにくいことがあげられる．しかし，侵食と堆積は表裏一体の現象である．最近，DEM を用いて扇状地の堆積をモデル化する試みが行われている[45]．この種の手法を発展させ，侵食と堆積を GIS 上で統合的に分析する手法を開発する必要がある．

7.2 水　文　学

7.2.1 流出解析

前記のように，DEM を利用すると水の流下方向，水路，流域などを容易に定義できる．このことと，多量のデータを高速で処理できるという GIS の利点を活用すると，水の流出を表す分布型のモデルを比較的容易に構築できる[46]．このため，ラショナル式などの集中型のモデルよりも精度の高い流出解析が可能となった．また，気候，土壌，植生といった地形以外の要因も取り入れた高度な流出モデルも GIS 上で構築されている（図 7.6）．これらのモデルは前記の侵食モデルと類似点が多いため，両者を結合して水と土砂の移動を総合的に扱う試みが行われている[47]．GIS を用いた水文モデルは，自然の出水現象とともに，建物や道路が密集した都市域における複雑な流出の解析にも活用されている[48]．また，出水時における氾濫原の冠水を予測し，防災に役立てる試みも行われている[49]．

7.2.2 水質解析

水文学の中で GIS の利用が活発なもう一つの分野は，水質データの解析である．多量の情報を含む水質データベースを用いて河川の水質分布図を作成する際に GIS が利用されている[50]．また，DEM を用いて水質観測地点の上流域を抽出し，その流域の土地利用や地質と河川水質との関連を GIS により解析した研究もある[51]．この種の手法をバッファ解析と組み合わせると，流域内のどの部分か

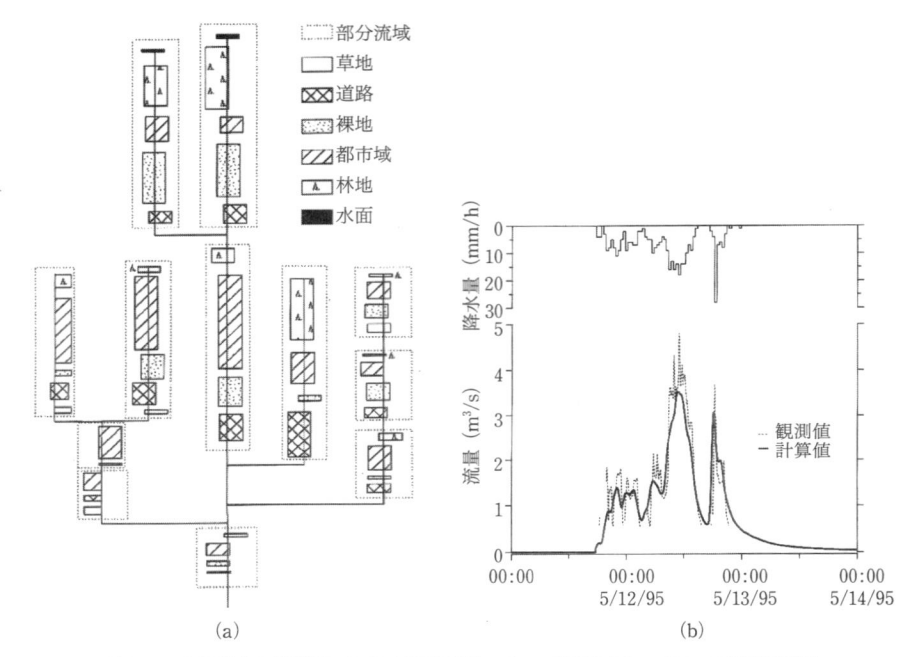

図 7.6 京都府名木川流域における流出評価モデルの構造(a)とモデルの適用結果(b)
(近森ほか, 1998)[52]

ら化学物質が供給されたかを推定できる[53].

また,面的なデータの高速処理という GIS の利点を活かし,広い農地から肥料や殺虫剤の成分が河川に流出する過程が分析されている[54]. 同じ理由から, GIS は地下水汚染の分布解析[55]や湖沼における富栄養化の分布のモデル化[56]にも利用されている. さらに,広がりを持つ水域の水質分布をリモートセンシングによって推定し,その結果を GIS と組み合わせて評価した事例もある[57].

7.3 気候学

7.3.1 降水量分布

降水の分布は気候学の基本情報の一つであるが,山地などでは観測点の密度が低いために,分布の面的な把握に支障をきたす場合が多い. そこで, GIS の補

間機能を利用し，限られた観測点のデータから，面的な降水量分布を推定する試みが行われている[58]．以前は，ティーセン（ボロノイ）分割などを利用して，特定の観測地点の降水量を面的な領域にそのまま適用することが多かった．しかし，降水量分布のように空間的に連続して変化する現象については，線形内挿や多項式関数などを用いた補間により，面的なデータを作成することが望ましい．GISの大きな利点は，クリギングなどの空間統計学に基づく複雑な補間手法を，パラメータを変えながら試行できる点にある．また，DEMを併用して標高の効果を加味した補間を行い，より現実的な降水量分布を求めることも可能である[59]．

7.3.2 日射量分布

日射量は，地表と大気のエネルギー・バランスと密接に関連するため，気候学のみならず，生態学や雪氷学などの多様な分野の研究に不可欠な情報である．日射量は，傾斜，斜面方向，および対象地点からみた地平線の位置といった地形特性に強く規定される．このため，DEMを用いて地形の特徴を把握し，日射量の分布をモデル化した研究が行われている[60]．また，リモートセンシング画像とDEMを利用すると，地形と樹冠の効果をともに考慮した日射量分布の推定[61]や，大気の影響を加味した日射量のモデル化[62]が可能となる．

7.3.3 気温分布

気温は標高，風向，日射量，土地利用といった多数の要素に規定される．この関係の解明にGISとリモートセンシングが利用されている．例えば，大都市に形成されるヒートアイランドと土地利用・人工廃熱との関係がモデル化されている[63]．また，都市化によるヒートアイランドの拡大と，緑化によるその軽減の予測が行われている（図7.7）．

地形条件を考慮して気温分布を再現する際にはDEMが利用される．例えば，農作物の生育を左右する積算気温の分布を，DEMから算出された地形特性を用いて推定できる[64]．また，山地における低温域の分布と地形条件との関係も解析されており[65]，高解像度のDEMを用いて霜害の分布を微地形単位で予測した事例もある[66]．さらに，気温や日射量分布に基づいて積雪期間や融雪過程を推定する際にも，DEMとGISが活用されている[67]．

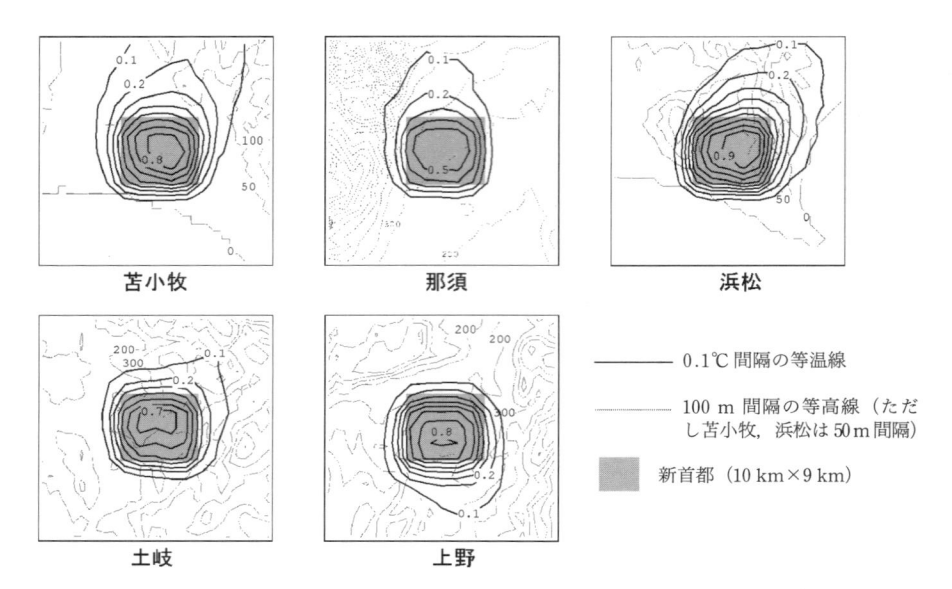

図7.7 首都移転にともなうヒートアイランドの形成予測図（泉ほか，2000）[68]

7.3.4 大気汚染

　都市の大気汚染は，風や日照といった自然的要因と，工場の分布や自動車の交通量といった人文的要因が絡み合って発生する．この複雑な過程の解析やモデル化にGISが活用されている．例えば，DEMから風系を推定して大気中の汚染物質の拡散過程を推定した研究や[69]，道路網や土地利用に基づいて大気中の窒素酸化物の濃度分布を予測した研究が行われている[70]．

7.4 植生地理学

7.4.1 植生の立地条件

　植生の分布は，地表や表土に含まれる水分の量と密接に関係することが多く，水分の量は地形に強く規定される．この関係を森林や湿原植生について分析する際に，GISとDEMが利用されている[71]．水分の状況をDEMから判定する際には，崩壊のモデル化と同様な斜面水文学的手法を適用する場合が多い．また，DEMから得られた地形特性と植生分布との対応関係を考慮し，リモートセンシ

ング画像を用いた植生分類の精度を高める試みも行われている[72]．さらに，山地における森林の衰退と地形条件との関係を検討した研究[73]や，地形および家畜の作用と放牧地の植生との関係を分析した学際的な研究[74]も行われている．

7.4.2 森林の生産性

DEMとGISを用いて林地の水文環境，日射条件，土地の安定性などを評価すると，森林の生産性を面的に予測できる[75]．また，森林の生産性と土壌分布との関係を統計的に分析する際にもGISが利用されている[76]．この種の研究の成果は，森林における物質循環の解明といった科学的研究とともに，植林の適地と適種を選ぶ際にも有用な情報となる．

7.4.3 植生変化

GISは植生の動態に関する研究にも導入されている．例えば，異なる時期の植生図をGISに入力し，卓越する植生変化のパターンを定量的に判定した研究や[77]，多時期の空中写真から復元された森林の拡散過程をモデル化した研究が行われている[78]．また，将来の気候の温暖化にともなう森林の変化の予測や[79]，植生変化の一要因である種子の拡散過程の解析にもGISが利用されている[80]．一般に，GISは静的な空間分布の分析には有用であるが，時系列的な変化の分析には適さないと考えられている．しかし，上記の事例では，各時期の植生図を目視で比較する場合よりも，はるかに客観的な時系列データの抽出と解析が可能となっている．

7.5 土壌地理学

7.5.1 土地条件との関連

1986年に出版された世界最初のGISに関する教科書[81]では，主要な応用事例として土壌特性の分布解析が取り上げられた．このこともあり，GISは土壌地理学の分野で頻繁に利用されてきた．例えば，土層の厚さ，pH，有機物含有量といった土壌の諸特性と地形との関係を分析する際に，GISとDEMが利用されている[82]．この際には，DEMと斜面水文学的手法を用いて推定された地表付近の水文環境が重視されることが多い．同様の手法を用いて，従来よりも客観性が

高い土壌分類図が作成されている[83]．また，GIS を用いて気候や土地利用が土壌に与える影響を評価することもできる[84]．

7.5.2 ファジー理論の適用

通常の土壌分類図では土壌をいくつかの類型に分けて表示するが，実際の土壌特性は連続的に変化する場合が多く，土壌境界の設定には不確実性が含まれる．そこで，ファジー理論と GIS を用いて，漸移的な土壌特性を確率論的に表現するモデルが構築されている[85]．この種のモデルを用いると，土地の利用可能性を，既存の土壌図に基づく手法よりも詳細に評価できる[86]．

7.5.3 補間法の適用

土壌特性の調査は，点在する地点で採取された試料を用いて行われる場合が多い．しかし，広い耕地の生産性を評価するような場合には，土壌特性を面的に把握する必要がある．そこで，GIS の補間機能を適用して，点的な土壌特性から面的な特性を推定した研究が行われている[87]．通常の補間では，空間的な位置関係のみを考慮して各地点の特性値を決定するが，土壌特性の補間の際には DEM から求めた地形特性も考慮すると適合度が向上する[88]．GIS による補間は，土壌汚染の危険性の評価[89]や，開発時に変形しやすい土層の分布解析[90]にも利用されている．

7.6 総合的研究

7.6.1 自然景観と自然環境の分析

GIS は多様な地理学的要素を高速で分析する機能を持つため，複数の分野にまたがる総合的研究に適している．その一例は，総体としての自然環境と自然景観の分析である．例えば，DEM やリモートセンシング画像を用いて植生，土壌，地形などを評価し，景観を分類した研究が行われている[91]．同様の手法は，自然環境や景観を構成する単位の境界（いわゆるエコトーン）の構造解析にも利用されている[92]．また，GIS を用いて環境の構成要素の相互関係をモデル化することにより，環境変化を総合的に予測し，その結果を環境の保全に利用した事例もある[93]．

7.6.2 自然災害の分析

　自然災害の発生には，複数の自然的要素とともに，居住地の分布などの人文的要素も関与している．前記のように，GIS と DEM は斜面崩壊の理学的研究で頻繁に用いられているが，人文的要素をより重視した，防災を目的とする斜面崩壊の研究にも活用されている[94]．さらに，火砕流の被害予測[95]，雪崩災害の危険性の評価[96]，大震災の被害と自然・人文環境との関連の解明[97]，平野の地盤沈下に起因する洪水被害の拡大の推定（図7.8），放牧の影響下で生じた風食荒廃の分布解析[98]，台風による風倒木被害の分析[99]などに GIS が活用されている．また，海外では山火事の分布と発生要因の分析に GIS が頻繁に利用されており[100]，山火事が植生遷移に与える影響も検討されている[101]．

7.6.3 自然環境と人文環境の相互関係の分析

　上記の災害に関する事例でも明らかなように，GIS は自然環境と人文環境に関するデータを複合的に分析する際に有用である．その理由として，GIS に入力されたデータは主要な対象分野に関わらず等価に扱われ，少なくとも機能的にはすべてのデータ間の相互関係を分析できることがあげられる．このような特徴を活かして，人口分布と自然環境要因との関係[102]や，歴史的都市の分布と地形・水文環境との関係などが分析されている[103]．また，古代人は現代人よりも自然環境に支配された生活を送っており，有用な動植物や水が豊富な地域を選んで居住する傾向が強かったと考えられる．このような関係を，遺跡の分布と自然環境に関するデータを用いて分析する際にも GIS が活用されている[104]．

7.7　展　　望

　上記のように，自然地理学とその関連分野における多数の研究に GIS が適用されている．日本では GIS の導入が進んでいない主題についても，海外ではすでに導入が進んでいる場合が多く，自然地理学の全領域で GIS が活用されているといっても過言ではない．この事実は，GIS が提供する機能が地理学にとって本質的な意義を有することと，GIS が高い柔軟性を持つことを示している．例えば，多数のレイヤーを用いた解析は，事象の総合的な把握を重んじる地理学と合致した手法である．また，高速のデータ処理が可能とした広域に関する定量

地盤標高

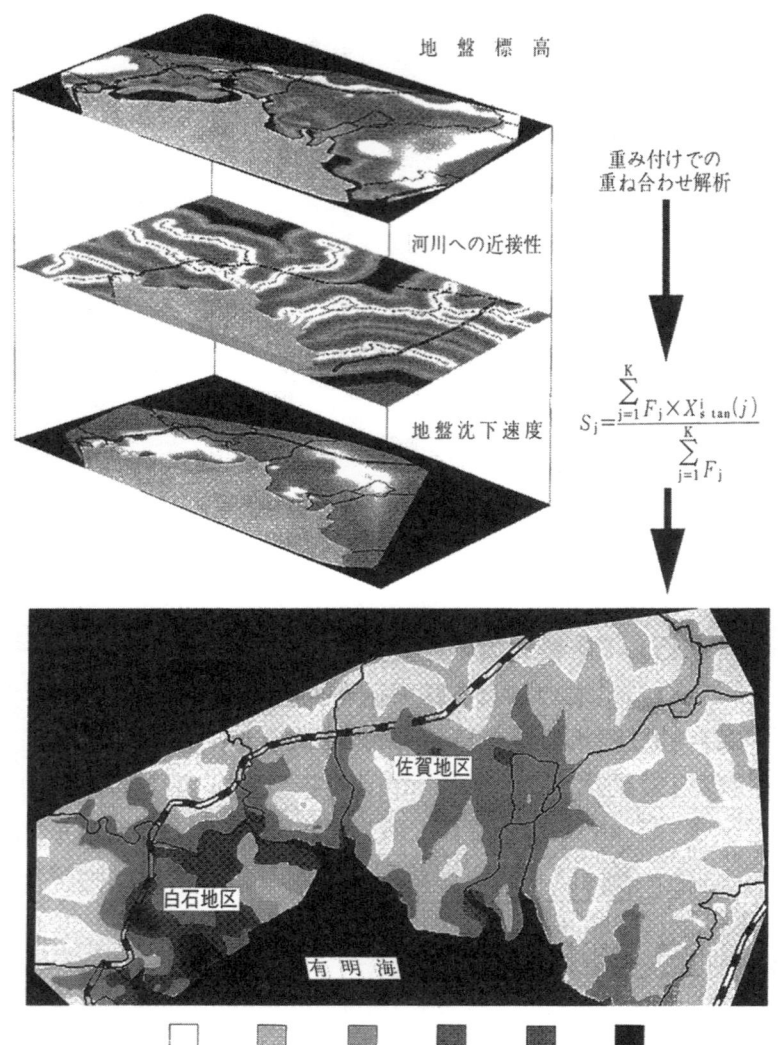

河川への近接性

重み付けでの
重ね合わせ解析

$$S_j = \frac{\sum_{j=1}^{K} F_j \times X_{s\ \tan}^{i}(j)}{\sum_{j=1}^{K} F_j}$$

地盤沈下速度

佐賀地区

白石地区

有明海

0～30%　30～40%　40～50%　50～60%　60～70%　>70%

浸水発生危険度マップ

図7.8 佐賀平野における浸水発生危険度評価（周ほか，2000）[105]

的分析は，面的な空間を扱う地理学にとって非常に有用である．今後，多様な自然環境の研究が GIS に支えられて発展するであろう．この発展を確実にするためにも，GIS の素養を持つ自然地理学の研究者が増えることが望まれる．

近年，比較的安価な GIS ソフトウェアが普及するとともに，各種の有用なデジタルデータが流通しつつある．また，日本の大学でも GIS に関する講義や実習が広く開講されるようになった．しかし，GIS を実際に使える学生や研究者が飛躍的に増えたとは言い難い．この原因として，GIS を扱うためには依然としてある程度の熟練を要することがあげられる．GIS ソフトウェアは，イラストレーションとデータベースのソフトウェアを統合したような特質を持つが，後二者をともに使いこなしている地理学の研究者は少ないであろう．換言すれば，現行の GIS ソフトウェアを，ワープロや表計算のソフトウェアと同等の感覚で習得することはできない．したがって，ある段階で GIS に集中的に接する機会を作り，初期段階で感じられる技巧的な障壁を取り除くことが重要である．

また，現行の GIS ソフトウェアには，多くのデータ解析機能が標準搭載されている．例えば，傾斜や斜面方向の計算といった DEM の基本的な解析機能が含まれている場合が多い．また，自然環境の研究に関連した GIS ソフトウェア用のマクロ・プログラムを，インターネット経由などで入手する機会も増えている．したがって，市販の GIS ソフトウェアとその簡単なカスタマイズのみでも，有意義な研究が実施可能になりつつある．もちろん，より専門的な外部プログラムを GIS ソフトウェアと併用したり，必要に応じて自分でプログラミングを行ったりすることは，研究の弾力化と高度化のために依然として重要である．しかし，GIS を用いた自然環境の研究では，技術的な難度よりも学術的な貢献度を重視すべきであり，後者が高価なら市販の GIS ソフトウェアのみによる解析であってもまったく問題ない．研究の学術的な意義を的確に判断するためには，当該分野に関する過去の研究の経緯と現状を十分に理解し，GIS の導入により何が進歩するかを明確にしておく必要がある．したがって，対象分野に関する一般的な知識と理解も，良質な GIS の応用研究を行うために不可欠である．GIS による研究というと，従来は手作業や野外調査によって苦労して行っていた内容を短時間で安易に仕上げるといった誤解もあるようだが，実際には多くの知識や技術を，時間をかけて習得することが要求される分野である．〔小口　高〕

文　献

1) Oguchi, T. (2001): Geomorphology and GIS in Japan: background and characteristics. *GeoJournal*, **52**: 195-202.
2) 水越博子・安仁屋政武 (2000): 数値等高線データを用いた斜面型の自動分類. 地形, **21**: 307-328.
3) McCullagh, M. J. (1988): Terrain and surface modelling: theory and practice. *Photogrammetric Record*, **12**: 747-779.
4) 中山大地・隈元　崇 (2000): 細密DEMに関する研究展望. デジタル観測手法を統合した里山のGIS解析 (杉盛啓明・青木賢人・鈴木康弘・小口　高編), pp. 31-34, 中日新聞社.
5) Strahler, A. N. (1952): Hypsometric (area-altitude) analysis of erosional topography. *Geological Society of America Bulletin*, **63**: 1117-1142.
6) Luo, W. (1998): Hypsometric analysis with a geographic information system. *Computers & Geosciences*, **24**: 815-821.
7) 阪口　豊 (1964): 日本島の地形発達史について. 地理学評論, **37**: 387-390.
8) Oguchi, T., Tanaka, Y., Kim, T.-H. and Lin, Z. (2001): Large-scale landforms and hillslope processes in Japan and Korea. *Transactions, Japanese Geomorphological Union*, **22**: 321-336.
9) Oguchi, T. (1997): Hypsometry of the Japanese Islands based on the 11.25 "×7.5" digital elevation model. *Bulletin of the Department of Geography, University of Tokyo*, **29**: 1-9.
10) Hurtrez, J. E., Sol, C. and Lucazeau, F. (1999): Effect of drainage area on hypsometry from an analysis of small-scale drainage basins in the Siwalik Hills (Central Nepal). *Earth Surface Processes and Landforms*, **24**: 799-808.
11) 野上道男・杉浦芳夫 (1986): パソコンによる数理地理学演習, 古今書院.
12) Kirkby, M. J. (1971): Hillslope process−response models based on the continuity equation. *Transactions, Institute of British Geographers, Special Publication*, **3**: 15-30.
13) Skidmore, A. K. (1989): A comparison of techniques for calculating gradient and aspect from a gridded digital elevation model. *International Journal of Geographical Information Systems*, **3**: 323-334.
14) O'Neill, M. P. and Mark, D. M. (1987): On the frequency distribution of land slope. *Earth Surface Processes and Landforms*, **12**: 127-136.
15) Katsube, K. and Oguchi, T. (1999): Altitudinal changes in slope angle and profile curvature in the Japan Alps: A hypothesis regarding a characteristic slope angle. *Geographical Review of Japan*, **72**: 63-72.
16) Heerdegen, R. G. and Beran, M. A. (1982): Quantifying source areas through land surface curvature and shape. *Journal of Hydrology*, **57**: 359-373.
17) 林　舟・小口　高 (2002): 地形学における写真測量法の応用―欧米の事例を中心に―. 地学雑誌, **111**: 1-15.
18) Lapointe, M. F., Secretan, Y., Driscoll, S. N., Bergeron, N. and Leclerc, M. (1998): Response of the Ha! Ha! River to the flood of July 1996 in the Saguenay Region of Quebec: Large-scale avulsion in a glaciated valley. *Water Resources Research*, **34**: 2383-2392.
19) Derose, R. C., Gomez, B., Marden, M. and Trustrum, N. A. (1998): Gully erosion in Mangatu Forest, New Zealand, estimated from digital elevation models. *Earth Surface Processes and Landforms*, **23**: 1045-1053.
20) Brown, D. G. and Arbogast, A. F. (1999): Digital photogrammetric change analysis as applied to active coastal dunes in Michigan. *Photogrammetric Engineering and Remote Sensing*, **65**: 467-474.
21) 吉澤孝和・西澤茂高・三澤敏雄・根岸六郎 (1991): 地すべりの挙動解析における写真測量の応用.

写真測量とリモートセンシング, **30**(5): 8-20.
22) Horton, R. E. (1945): Erosional development of streams and their drainage basins: Hydrophysical approach to quantitative morphology. *Geological Society of America Bulletin*, **50**: 275-370.
23) 中山大地 (1999): 遺伝的アルゴリズムを用いた DDM 作成アルゴリズムの開発. GIS—理論と応用, **7**(1): 27-35.
24) 近藤昭彦 (1996): リモートセンシングと地理情報システム. 地形工学セミナー1 地形学から工学への提言 (日本地形学連合編), pp. 139-160, 古今書院.
25) Peucker, T. K. and Douglas, D. H. (1975): Detection of surface-specific points by local parallel processing of discrete terrain elevation data. *Computer Graphics and Image Processing*, **4**: 375-387.
26) 野上道男 (1998): DEM (数値標高モデル) から DDM (流水線図) を作成するアルゴリズムの改良と C 言語プログラム. GIS—理論と応用, **6**(1): 95-102.
27) Yoshiyama, A. (1989): Drainage network generation and measurement based on digital elevation data. *Geographical Report of Tokyo Metropolitan University*, **24**: 43-53.
28) Blaszczynski, J. S. (1997): Landform characterization with geographic information systems. *Photogrammetric Engineering and Remote Sensing*, **63**: 183-191.
29) Guzzetti, F. and Reichenbach, P. (1994): Towards a defenition of topographic divisions for Italy. *Geomorphology*, **11**: 57-74.
30) Oguchi, T. (2001): Geomorphological and environmental settings of Tell Kosak Shamali, Syria. *Tell Kosak Shamali, the Archaeological Investigations on the Upper Euphrates, Syria: Vol. 1, Chalcolithic Architecture and the Earlier Prehistoric Remains* (Nishiaki, N., Matsutani, T. eds.), pp. 19-40, Oxbow Books.
31) Wladis, D. (1999): Automatic lineament detection using digital elevation models with second derivative filters. *Photogrammetric Engineering and Remote Sensing*, **65**: 453-458.
32) Brown, D. G., Lusch, D. P. and Duda, K. A. (1998): Supervised classification of types of glaciated landscapes using digital elevation data. *Geomorphology*, **21**: 233-250.
33) 岩橋純子 (1994): 数値地形モデルを用いた地形分類手法の開発. 京都大学防災研究所年報 B-1, **37**: 141-156.
34) Dhakal, A. S., Amada, T. and Aniya, M. (2000): Landslide hazard mapping and its evaluation using GIS: An investigation of sampling schemes for a grid-cell based quantitative method. *Photogrammetric Engineering and Remote Sensing*, **66**: 981-989.
35) Iwahashi, J., Watanabe, S. and Furuya, T. (2001): Landform analysis of slope movement using DEM in Higashikubiki area, Japan. *Computers & Geosciences*, **27**: 851-865.
36) Iida, T. (1999): A stochastic hydro-geomorphological model for shallow landsliding due to rainstorm. *Catena*, **34**: 293-313.
37) Gallant, J. C. and Wilson, J. P. (1996): Tapes-G: A grid-based terrain analysis program for the environmental sciences. *Computers & Geosciences*, **22**: 713-722.
38) 西田顕郎・小橋澄治・水山高久 (1997): 数値地形モデルに基づく地震時山腹崩壊斜面の地形解析. 砂防学会誌, **49**(6): 9-16.
39) Larsen, M. C. and Parks, J. E. (1997): How wide is a road? The association of roads and mass-wasting in a forested montane environment. *Earth Surface Processes and Landforms*, **22**: 835-848.
40) 長澤良太 (1999): マルチファクターマップと USLE 手法を用いた土地資源管理, 評価のための計画指向型土地分類. 第 13 回環境情報科学論文集, 103-108.
41) 田中 靖・隈元 崇 (2000): GIS と画像処理による斜面崩壊地抽出法の開発と発生様式の定量的検討―丹沢と房総の比較を例として―. GIS—理論と応用, **8**(1): 1-10.
42) Siakeu, J. and Oguchi, T. (2000): Soil erosion analysis and modelling: A review. *Trans-*

actions, *Japanese Geomorphological Union*, **21**: 413-429.
43) Burrough, P. A. and McDonnell, R. A. (1998): *Principles of Geographical Information Systems* (2 nd ed.), Oxford University Press.
44) Anderson, D. M. and MacDonald, L. H. (1998): Modelling road surface sediment production using a vector geographic information system. *Earth Surface Processes and Landforms*, **23**: 95-107.
45) Coulthard, T. J., Macklin, M. G. and Kirkby, M. J. (2002): A cellular model of Holocene upland river basin and alluvial fan evolution. *Earth Surface Processes and Landforms*, **27**: 269-288.
46) Polarski, M. (1997): Distributed rainfall-runoff model incorporating channel extension and gridded digital maps. *Hydrological Processes*, **11**: 1-11.
47) De Roo, A. P. J. (1998): Modelling runoff and sediment transport in catchment using GIS. *Hydrological Processes*, **12**: 905-922.
48) Smith, M. B. (1993): A GIS-based distributed parameter hydrologic model for urban areas. *Hydrological Processes*, **7**: 45-61.
49) Horritt, M. S. and Bates, P. D. (2001): Predicting floodplain inundation: raster-based modelling versus the finite-element approach. *Hydrological Processes*, **15**: 25-842.
50) Oguchi, T., Jarvie, H. P. and Neal, C. (2000): River water quality in the Humber Catchment: an introduction using GIS-based mapping and analysis. *The Science of the Total Environment*, **251/252**: 9-28.
51) Wang, X. and Yin, Z.-Y. (1997): Using GIS to assess the relationship between landuse and water quality at a watershed level. *Environment International*, **23**: 103-114.
52) 近森秀高・岡 太郎・宝 馨・大久保 豪 (1998): 流出モデルの構築における GIS の応用に関する研究. GIS―理論と応用, **6**(1): 19-28.
53) Jarvie, H. P., Oguchi, T. and Neal, C. (2002): Exploring the linkages between river water chemistry and watershed characteristics using GIS-based catchment and locality analyses. *Regional Environmental Change*, **3**: 36-50.
54) Poiani, K. A., Bedford, B. L. and Merrill, M. D. (1996): A GIS-based index for relating landscape characteristics to potential nitrogen leaching to wetlands. *Landscape Ecology*, **11**: 237-255.
55) Merchant, J. W. (1994): GIS-based groundwater pollution hazard assessment: A critical review. *Photogrammetric Engineering and Remote Sensing*, **60**: 1117-1127.
56) Xu, F.-L., Tao, S., Dawson, R. W. and Li, B.-G. (2001): A GIS-based method of lake eutrophication assessment. *Ecological Modelling*, **144**: 231-244.
57) Nellis, M. D., Harrington, J. A. Jr. and Wu, J. (1998): Remote sensing of temporal and spatial variations in pool size, suspended sediment, turbidity, and Secchi depth in Tuttle Creek Reservoir, Kansas: 1993. *Geomorphology*, **21**: 281-293.
58) Hutchinson, M. F. (1995): Interpolating mean rainfall using thin plate smoothing splines. *International Journal of Geographical Information Systems*, **9**: 385-403.
59) Hevesi, J. A., Flint, A. L. and Istok, J. D. (1992): Precipitation estimation in mountainous terrain using multivariate geostatistics. Part II: Isohyetal maps. *Journal of Applied Meteorology*, **31**: 677-688.
60) Kumar, L., Skidmore, A. K. and Knowles, E. (1997): Modelling topographic variation in solar radiation in a GIS environment. *International Journal of Geographical Information Science*, **11**: 475-497.
61) Dubayah, R. (1992): Estimating net solar radiation using Landsat Thematic Mapper and digital elevation data. *Water Resources Research*, **28**: 2469-2484.
62) Dubayah, R. and Rich, P. M. (1995): Topographic solar radiation models for GIS. *Inter-*

national Journal of Geographical Information Systems, **9**: 405-419.
63) 一ノ瀬俊明・下堂薗和宏・鵜野伊津志・花木啓祐 (1997): 細密地理情報にもとづく都市気候数値シミュレーション: 地表面境界条件の高精度化. 天気, **44**: 785-797.
64) Coops, N., Loughhead, A., Ryan, P. and Hutton, R. (2001): Development of daily spatial heat unit mapping from monthly climatic surfaces for the Australian continent. *International Journal of Geographical Information Science*, **15**: 345-361.
65) Hudson, G. and Wackernagel, H. (1994): Mapping temperature using Kriging with external drift: theory and an example from Scotland. *International Journal of Climatology*, **14**: 77-91.
66) 高山 成・早川誠而・河村宏明 (1999): 霜害発生予察のための50mメッシュ地形情報を用いた局所的冷却現象の解析. 農業気象, **55**: 235-246.
67) Tappeiner, U., Tappeiner, G., Aschenwald, J., Tasser, E. and Ostendorf, B. (2001): GIS-based modelling of spatial pattern of snow cover duration in an alpine area. *Ecological Modelling*, **138**: 265-275.
68) 泉 岳樹・岡部篤行・貞広幸雄 (2000): 都市ヒートアイランド現象のシミュレーションモデルと循環型社会に関する若干の考察. 総合都市研究, **71**: 87-107.
69) Tesche, T. W. and Bergstrom, R. W. (1978): Use of digital terrain data in meteorological and air quality modelling. *Photogrammetric Engineering and Remote Sensing*, **44**: 1549-1559.
70) Briggs, D. J., Collins, S., Elliot, P., Fisher, P., Kingham, S., Lebret, E., Pryl, K., Van Reeuwijk, H., Smallbone, K. and Van der Veen, A. (1997): Mapping urban air pollution using GIS: a regression-based approach. *International Journal of Geographical Information Systems*, **11**: 699-718.
71) Bolstad, P. V., Swank, W. and Vose, J. (1998): Predicting Southern Appalachian overstory vegetation with digital terrain data. *Landscape Ecology*, **13**: 271-283.
72) Skidmore, A. K. (1989): An expert system classifies eucalypt forest types using Landsat Thematic Mapper data and a digital terrain model. *Photogrammetric Engineering and Remote Sensing*, **55**: 1449-1464.
73) 平野勇二郎 (1998): GISを用いた丹沢山塊, 桧洞丸山頂付近のブナ林衰退と地形条件の解析. 地理学評論, **71A**: 505-514.
74) Pickup, G. and Chewings, V. H. (1996): Correlations between DEM-derived topographic indices and remotely-sensed vegetation cover in rangelands. *Earth Surface Processes and Landforms*, **21**: 517-529.
75) Ollinger, S. V., Aber, J. D. and Federer, C. A. (1998): Estimating regional forest productivity and water yield using an ecosystem model linked to a GIS. *Landscape Ecology*, **13**: 323-334.
76) Payn, T. W., Hill, R. B., Hock, B. K. and Skinner, M. F. (1999): Potential for the use of GIS and spatial analysis techniques as tools for monitoring changes in forest productivity and nutrition, a New Zealand example. *Forest Ecology and Management*, **122**: 187-196.
77) 木村圭司・青木賢人・野村哲朗・中嶋 勝・佐野滋樹・鈴木康弘・半田暢彦 (2000): 里山における過去50年間の植生変化. GIS―理論と応用, **8**(2): 9-16.
78) Mast, J. N., Veblen, T. T. and Hodgson, M. E. (1997): Tree invasion within a pine/grassland ecotone: an approach with historic aerial photography and GIS modeling. *Forest Ecology and Management*, **93**: 181-194.
79) Kienast, F., Brzeziecki, B. and Wildi, O. (1996): Long-term adaptation potential of Central European mountain forests to climate change: a GIS-assisted sensitivity assessment. *Forest Ecology and Management*, **80**: 133-153.
80) Hamann, A., Koshy, M. P., Namkoong, G. and Ying, C. C. (2000): Genotype×environment interactions in Alnus rubra: developing seed zones and seed-transfer guidelines with spatial statistics and GIS. *Forest Ecology and Management*, **136**: 107-119.

81) Burrough, P. A. (1986) : *Principle of Geographical Information System for Land Resource Assessment*, Oxford University Press.
82) Moore, I. D., Gessler, P. E., Nielsen, G. A. and Peterson, G. A. (1993) : Soil attribute prediction using terrain analysis. *Soil Science Society of America Journal*, **57** : 443-452.
83) Skidmore, A. K., Ryan, P. J., Dawes, W., Short, D. and O'Loughlin, E. (1991) : Use of an expert system to map forest soils from a geographical information system. *International Journal of Geographical Information Systems*, **5** : 431-445.
84) Machin, J. and Navas, A. (1998) : Spatial analysis of gypsiferous soil in the Zaragoza province (Spain), using GIS as an aid to conservation. *Geoderma*, **87** : 57-66.
85) Zhu, A.-X., Band, L. E., Dutton, B. and Nimlos, T. J. (1996) : Automated soil inference under fuzzy logic. *Ecological Modelling*, **90** : 123-145.
86) Burrough, P. A., McMillan, R. A. and Deursen, W. (1992) : Fuzzy classification methods for determining land suitability from soil profile observations and topography. *Journal of Soil Science*, **43** : 193-210.
87) Rogowski, A. S. (1996) : Quantifying soil variability in GIS applications II. Spatial distribution of soil properties, *International Journal of Geographical Information Systems*, **10** : 455-475.
88) Lagacherie, P. and Voltz, M. (2000) : Predicting soil properties over a region using sample information from a mapped reference area and digital elevation data : a conditional probability approach. *Geoderma*, **97** : 187-208.
89) Alli, M. M., Nowatzki, E. A. and Myers, D. E. (1990) : Probabilistic analysis of collapsing soil by indicator kriging. *Mathematical Geology*, **22** : 15-38.
90) Stein, A., Staritsky, I., Bouma, J. and Van Groenigen, J. W. (1995) : Interactive GIS for environmental risk assessment. *International Journal of Geographical Information Systems*, **9** : 509-525.
91) del Barrio, G., Alvera, B., Puigdefabregas, J. and Diez, C. (1997) : Response of high mountain landscape to topographic variables : Central Pyrenees. *Landscape Ecology*, **12** : 95-115.
92) Johnston, C. A. and Bonde, J. (1989) : Quantitative analysis of ecotones using a Geographic Information System. *Photogrammetric Engineering and Remote Sensing*, **55** : 1643-1647.
93) Basso, F., Bove, E., Domontet, S., Ferrara, A., Pisante, M., Quaranta, G. and Taberner, M. (2000) : Evaluating environmental sensitivity at the basin scale through the use of geographic information systems and remotely sensed data : an example covering the Agri basin (Southern Italy). *Catena*, **40** : 19-35.
94) 川崎昭如・服部一樹・浦川 豪・中島徹也・佐土原 聡 (2001)：崖災害対策へのGISの活用―崖およびその被災危険区域の抽出と雨量による崩壊危険区域の公開―．GIS―理論と応用，**9**(2)：25-32．
95) 高阪宏行 (2000)：GISを利用した火砕流の被害予測と避難・救援計画―浅間山南斜面を事例として―．地理学評論，**73 A**：483-497．
96) Gruber, U. and Haefner, H. (1995) : Avalanche hazard mapping with satellite data and a digital elevation model. *Applied Geography*, **15** : 99-113.
97) 碓井照子・小長谷一之 (1995)：阪神・淡路大震災における道路交通損傷の地域的パターン．地理学評論，**68 A**：621-633．
98) 飯倉善和・角田里見・横山隆三 (1999)：一般化線形モデルを用いた北上高地における風食荒廃の解析．GIS―理論と応用，**7**(2)：1-9．
99) 横山 智 (1999)：GISを活用した台風による森林災害分析の試み．GIS―理論と応用，**7**(2)：11-18．
100) Perry, G. L. W., Sparrow, A. D. and Owens, I. F. (1999) : A GIS-supported model for the simulation of the spatial structure of wildland fire, Cass Basin, New Zealand. *Journal of*

Applied Ecology, **36**: 502-518.
101) Lowell, K. E. and Astroh, J. H. (1989): Vegetative succession and controlled fire in a glades ecosystem: A geographical information system approach. *International Journal of Geographical Information Systems*, **3**: 69-81.
102) Ryavec, K. E. and Veregin, H. (1998): Population and range land in central Tibet: A GIS-based approach. *GeoJournal*, **44**: 61-72.
103) 小口　高・斉藤享治 (1999)：ポーランドにおける歴史的景観の分布と自然・人文環境―GISによる分析―．地理学研究報告（埼玉大学教育学部），**19**：41-59．
104) 金田明大・津村宏臣・新納　泉 (2001)：考古学のためのGIS入門，古今書院．
105) 周　国云・森　二郎・江崎哲郎 (2000)：GISを用いた広域地盤沈下の浸水発生危険性および洪水氾濫への影響評価．土と基礎，**48**(1)：18-20．

8 これからの GIS

8.1 空間分析の進展と GIS 環境に適した空間分析

空間分析 (spatial analysis) とは，空間オブジェクトに対し二つのタイプの情報，すなわち属性と位置情報を分析する技術である．まず，空間分析が他の形式のデータ分析とは異なり，特別な分析になっている顕著な特徴を考察しよう．それは，さまざまな空間スケールで研究事象を分析する一組の方法や技法であり，その分析結果は事象の空間配置に注目している点にある．取り扱う事象は，空間原始 (spatial primitive) と呼ばれる点，線，域の各オブジェクトとして表現され，地理空間内に位置付けられ，一つ以上の属性を持つ．空間分析では，位置，位相，空間配置，距離，空間相互作用に研究の関心が向けられる．分析結果は，空間データ内のパターン検出，パターン間の関係の解明とモデル化，パターンの発生原因となるプロセスの理解とその深化，地理空間内に生起する事象を予測し制御する能力の改善，などに結び付く．

オブジェクトの地理的位置は，分析において大きな意味を持っている．位置は，二つの異なったタイプの空間的影響と結び付く．一つは，空間的従属性 (spatial dependence) である．これは，トブラー[1]による地理学の第 1 法則，「すべては，他のすべてのものと関係する．しかし，近くにあるものは，遠くにあるものより強く関係する」，からきている．したがって，空間的従属性は，ある地点のデータが，それに近い他の地点のデータと関係し，類似することを意味している．普通の統計分析では，観察単位は統計的にみて相互に独立していると仮定するので，空間的従属性は，通常の統計分析に対し特別な挑戦をつきつけることになる．

もう一つの空間的影響は，空間的異質性（spatial heterogeneity）である．これは，各地点に固有の一意性（ユニークネス）から生じた空間的差異と関係し，変数，関数形，あるいは，モデルのパラメータが空間型を示すことで明らかとなる．空間データのこの特性は，伝統的統計方法を空間問題に合うように修正しないならば，信頼できないものにしてしまう．地理学における空間分析は，1960年代初期の計量地理学や地域科学での研究にその源を発する．しかし，そこで取り上げられた多くの方法は，他の学問で開発されたものであり，したがって，上記のような空間データの特性を考慮していない．

過去十数年間における空間分析研究をみると，次に示すような三つの分野で進展が顕著であった[2]．第一は，空間的従属性と異質性の測定である．空間的従属性に関しては，今日では，モラン係数，ギャリー比，セミバリオグラム，空間的自己相関など多数のツールが利用できるようになった[3]．このような測定は，属性データ内における空間的従属性が安定したパターンの存在として認められるかどうかを要約するため，またモデル化に先立ち定常的仮定の正当性を確立するため，そして，データに対する空間モデルの形式を識別するために利用されている．第二は，空間回帰モデルであり，標準的な線形回帰モデル族への空間的な展開とみなされる．このモデルについては，以下で節を改めて詳しく紹介する．第三は，離散的空間データ分析である．カテゴリーデータ分析とも呼ばれ，ロジスティック／ロジット回帰モデル，空間的分割表に対する対数-線形モデルなどで構成されている．

このような空間分析の進展にもかかわらず，既存のGISでは，十分な空間分析機能が欠落しており，空間データを分析するための研究ツールとしては利用できないという認識が一般になされている．GISは，データが豊富で，多領域であるが，理論が貧弱で，仮説に依存しない環境を生み出しつつある．したがって，こうした環境に合うように，空間分析に対し新たな要求が出されつつある．GIS環境に適した空間分析法の条件をまとめると，以下のようになる：
・大規模データ処理に見合うよう，「大量の空間オブジェクト」を取り扱うことができる
・空間情報の「特性」に対し感度が良い
・「フレームから独立」している（すなわち，可変的地区単位問題を回避する）
・「安全技術」（信頼性が高く，ロバストであり，復元性があり，誤差や雑音に

強く，標準的分布に頼らない技術）になっている
- 「応用分野」で役に立つ
- 理解や洞察を深めるため，分析結果が「地図化できる」

これらの条件から，GIS に適した未来の空間分析技術は，理論駆動型よりもデータ駆動型となるであろう．また，従来のような空間的仮説検定ではなく計量的な探索のスタイルをとるであろう．

8.2 空間回帰モデル

上記のように，近年大きな進展をみた空間分析の分野に，空間回帰モデル（spatial regression model）がある．これは，従来の回帰モデルに対し，さまざまな形の空間的な展開を行ったものである．以下では，地理加重回帰と空間拡張モデルを考察する．

8.2.1 地理加重回帰

回帰モデルを用いて，属性 Y と一組の属性 X_1, X_2, …, X_N との間にみられる関係を分析しよう．ただし，データはすべて空間座標を持っているとする．よく行われる方法は，Y が一組の X と線形に関係しているというモデルを仮定し，すべてのデータを利用して Y を一組の X に回帰付けることによって，パラメータを推定するというものである．すべての空間単位から取得された観測は，「大域的（global）な」一組のパラメータを推定するため利用される．しかしながら，このような大域的なアプローチに従うならば，大域的パラメータ推定では捉えることができない，その関係にみられる重要な空間変動を多く失うかもしれない．この変動は，空間的非定常性（spatial non-stationarity）として参照されるものである[4]．

そこで考案されたのが，局所的（local）なアプローチに基づく回帰モデルである．それは，地理加重回帰（geographically weighted regression：GWR）と呼ばれ，次のような一般形式を持っている[5,6]．

$$y_i = a_{i0} + \sum_k a_{ik} x_{ik} + \varepsilon_i \tag{8.1}$$

ただし，y_i は地点 i における従属変数，x_{ik} は地点 i における k 番目の独立変

数，ε_i は地点 i における誤差項，a_{ik} は地点 i における k 番目のパラメータ値である．

このモデルでは，地点 i を中心に加重値の入った移動窓や距離減衰曲線を与えるとともに，地点ごとに Y と X との間で線形関係を推定する．その結果，推定されたパラメータも空間座標を持つことから，局所的なアプローチと呼ばれるのである．こうして得られたパラメータを地図化することによって，Y と X との間の関係が空間上でいかに変動するかを示すことができる（図 8.1）．

このモデルのキャリブレーションでは，地点 i の近くで観測されたデータは，そこから遠くに位置するデータより，a_{ik} の推定に大きな影響を持っていると仮定される．本質的に，この方程式は，各地点 i の周囲で，モデルに固有の関係を測定している．モデルのキャリブレーションは，通常の回帰より複雑である．そ

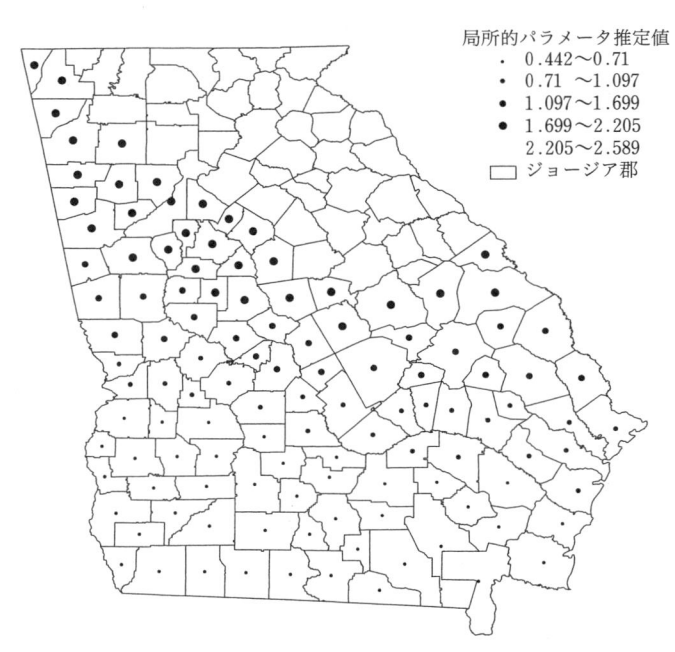

図 8.1 回帰モデルの局所化されたパラメータ推定値の空間分布 (Fotheringham, *et al.*, 2002)[7]
教育達成度（Y）は外国生まれ人口比（X_1）と正に関連するが，その局所化された回帰パラメータ推定値は 0.442〜2.589 の値をとり，空間分布は南に向かい減少する．

の理由は，加重最小二乗アプローチを使用するが，データは地点 i との位置関係に従って変動して加重されるからである．GWR におけるパラメータは，

$$a'_i = (x^t \mathbf{w}_i x)^{-1} x^t \mathbf{w}_i y \tag{8.2}$$

で推定される．ただし，$\mathbf{w}_i$ の対角要素は地点 i における観測データの地理加重値を表し，対角要素以外は 0 の $n \times n$ 行列である．GWR は，局所化されたパラメータの推定を行うとともに，決定係数やパラメータ推定値の標準誤差のような標準的回帰分析に対するすべての診断をも局所的に行うことができる．局所化されたパラメータを地図化し，モデルを補うために付加的探索モデルが提示されたとき，探索ツールとしてとくに有用になる．

空間加重関数では，地点 i の近くのデータは遠くのデータより加重を大きく付けるよう定義される．一つの方法は，地点 i から一定距離圏内では 1，圏外では 0 のような加重付けである．このタイプの加重付け関数は，離散的な空間過程を仮定しており，おそらく多くの過程に対し非現実的であろう．より現実的であるが計算が複雑な加重関数は，距離に対する連続的減衰関数をとる．その関数に対する距離減衰パラメータは，キャリブレーションされる．さらに現実に近づけるためには，加重関数をも上記のように大域的ではないものとし，空間的に変動させる必要がある．例えば，地点に固有な距離減衰パラメータをキャリブレーションするのである．

GWR が通常の分析よりも優れている点は，以下のようにまとめられる．
・データの特性や正確度をより深く検査できる
・関係の特性や空間上におけるそれらの変動をより詳しく理解できる
・空間的非定常性を無視している通常のデータ分析法が稚拙であることを論証できる
・さまざまなタイプの分析やモデルの相対的性能を詳細に比較できる

8.2.2 空間拡張モデル

拡張法（expansion method）とは，既存の単純なモデルのパラメータを拡張することによって，数理的・統計的モデルを生成する手法である．関数関係がなぜ地域ごとに異なるかを調べるため，拡張法を利用して空間的影響を取り扱えるモデル仕様が定められる[8]．これは空間拡張モデル（spatial expansion model）と呼ばれており，さまざまな分野で利用され始めている．以下では，経済地理学

8.2 空間回帰モデル

分野での応用例を通じ，空間拡張モデルの特性を考察する[9]．

住宅の価格についてのヘドニックモデルでは，

$$P(Z) = f(S, L) + \varepsilon \quad (8.3)$$

で示されるように，住宅の価格 P は，その住宅の属性ベクトル $Z = (z_1, \cdots, z_n)$ の関数として定義される．その属性を具体的に示すと，住宅の物理的構造を示すベクトル S と位置的属性を示すベクトル L で構成される．ε は，確率誤差項のベクトルである．この関数の仕様は，次のように表される．

$$P_i = \alpha X_i + \sum \beta_k S_{ki} + \sum \gamma_q L_{qi} + \varepsilon_i X_i \quad (8.4)$$

ただし，$i = 1, \cdots, N$：住宅を示す下付き番号

P_i：住宅 i の価格

$k = 1, \cdots, K$：構造的属性の番号

$q = 1, \cdots, Q$：位置的属性の番号

$\alpha, \beta, \gamma, \varepsilon$：対応するパラメータ

X_i：1 で構成される列行列

住宅価格データは，空間的側面として，部分(サブ)市場の存在（空間的異質性）と近隣住宅の価格の影響（空間的従属性）とを，モデル仕様において考慮に入れるべきであることを示す．このような仕様として，空間拡張ヘドニックモデル（spatial expansion hedonic model）と多層ヘドニックモデル（multi-level hedonic model）とが提案されている．

拡張法における重要な概念として，パラメータ・ドリフトがある．パラメータの推定が状況（コンテクスト）ごとに異なる場合，パラメータはドリフトしたといわれる．伝統的なヘドニックモデルでは，パラメータは安定しており，不変であると仮定される．しかしながら，例えば，住宅属性のパラメータ推定は，部分市場を横切りドリフトすると考えることもできる．上記の式 (8.4) で切片 α，構造属性 β，位置属性 γ の各パラメータに対し，部分市場の空間的異質性を捉えるため空間拡張法を利用すると，次のような空間拡張ヘドニックモデルが与えられる：

$$P_i = \sum (\alpha_0 + \alpha_j D_j) X_i + \sum (\beta_{k0} + \beta_{kj} D_j) S_{ki} + \sum (\gamma_{q0} + \gamma_{qj} D_j) L_{qi} + \varepsilon_i X_i \quad (8.5)$$

ただし，D_j ($j = 1, \cdots, M-1$) は個々の部分市場に対するダミー変数である．

以上の空間拡張モデルでは，ヘドニックモデルの固定部分（属性と切片の項）を拡張することによって，地点（部分市場）間の変動をコンテクスチュアルな影

響(contextual effect)として分析した.しかし,もう一つの変動として,地点内の変動がある.これは複合的な影響(compositional effect)として捉えられる.問題は,これら二つの影響をいかに区別して分析できるかということである.これを解決するためには,住宅(レベル1)と部分市場(レベル2)の二つの異なったレベルが存在していることに注目すべきである.多層モデルは,より高いレベル2における部分市場間のモデルにおいて,変動を認めるように構築される.

伝統的なヘドニックモデル,式(8.4)において,住宅と部分市場の二つのレベルを明記しながら,住宅($i=1,\cdots,N$)の属性($j=1,\cdots,M$)をまとめてZで示すと,

$$P_{ij} = \alpha_j X_{ij} + \sum_k \beta_k Z_{kij} + \varepsilon_{ij} X_{ij} \tag{8.6}$$

のようになる.多層モデルでは,切片は次のような拡張方程式によって,より上位(レベル2)の部分市場間のモデルに変動を組み込む:

$$\alpha_j = \alpha + \mu_{\alpha j} \tag{8.7}$$

これは,集計データに基づいているので,マクロモデルである.部分市場jにおける典型的住宅の価格(α_j)は,市場を横断した価格(α)と各部分市場の相違($\mu_{\alpha j}$)の和の関数として表される.マクロモデルは地点(部分市場)間のモデルであり,ミクロモデルは地点(部分市場)内のモデルである.マクロモデルは,ミクロモデルのパラメータの一つを従属変数にしている.同様に,属性パラメータも次のように,より高いレベルの分布に従って変動が認められる:

$$\beta_{kj} = \beta_k + \mu_{\beta kj} \tag{8.8}$$

式(8.7)と式(8.8)を式(8.6)に代入し,確率項をカッコでくくると,

$$P_{ij} = \alpha_j X_{ij} + \sum_k \beta_k Z_{kij} + (\mu_{\alpha j} X_{ij} + \mu_{\beta kj} Z_{kij} + \varepsilon_{ij} X_{ij}) \tag{8.9}$$

となる.このモデルは,四つの確率項を持っている.レベル1におけるσ^2_ε,レベル2における$\sigma^2_{\mu\alpha}$, $\sigma^2_{\mu\beta}$,共分散項$\sigma_{\mu\alpha\mu\beta}$である.共分散項は,確率的切片や属性パラメータが,より高いレベルの結合分布に従って共変動することを示している.多層モデルにとって重要なことは,より高いレベルの分布を示す共変動の概念である.

以上のようにGWRの開発は,伝統的な大域的統計量を空間的に非集計化する分析方法を提供する.今日この分野は,パラメータ推定の空間拡張モデルとともに,空間分析に対する研究のフロンティアを形成している.

8.3 可変単位地区問題（可変的地区単位問題）

　一般に科学では，観察を行う最小の単位を個体（individual）と呼ぶ．例えば，社会学や経済学では，個人や世帯を個体として取り上げ，それらの特徴を観察する．地理学でも，個人や世帯を取り上げることがあるが，それらをある地区（area；例えば市区町村や都道府県）で集計（合計）して，地区データとして分析する場合も多い[注]．このように地理学では，地区を個体とみなし，地区間の統計量の分析を行う場合がある．

　　注）　本稿では，研究対象全体を指す領域を地域（region），地域を構成する部分的領域を地区（area）と呼んでいる．

　ロビンソン（Robinson）[10]は，1930年のアメリカ合衆国センサスデータを用いて，州の人口における読み書きのできない人の割合と州における黒人の割合との回帰に対して，0.773という高い相関係数を得た．このことから，黒人は非黒人より読み書きができない可能性が高いと推論したのである．しかしながら，同一のセンサスデータを用いて，個別にそれらの関係を調べたところ，相関係数は0.203にしかならなかった．すなわち，黒人は非黒人より読み書きができない割合が高いが，州レベルの分析ほど高くはなかった．

　ロビンソンは，このように集計データから個体の特徴を推測するときに生じる問題を，生態学的誤謬（ecological fallacy）と呼んで，取り扱いに注意すべきであることを喚起した．上記の例の教訓は，黒人は読み書きのできない人の割合が高い州に集中しているのであり，黒人の間で読み書きができない割合が高いということを必ずしも意味しているわけではないのである．

　オープンショウ[11),12)]は，ロビンソンのこの研究を展開し，生態学的誤謬は二つの影響に分割されることを示した．第一は縮尺の影響（scale effect）であり，人口の集計単位を，町丁目，町・大字，市区町村，都道府県等のように縮尺を変えることによって生じる分析の結果の変動として定義される．一般に，集計の単位が大きくなるほど，平均すると2変数間の相関は大きくなる．第二は集計の影響（aggregation effect）である．例えば，人口100万の都市において約5万の人口を持つ20地区に集計するとき，その地区境界の設定法は幾通りも存在するので，さまざまなゾーン編成体系（zoning system）が考えられるであろう．集

計的影響とは，同一のスケールであるが異なったゾーン体系によって生じる分析結果の変動として定義される．2変数間の相関についてみると，この集計的影響によって，-1.00から$+1.00$の範囲をとることも起こりうるのである．オープンショウは，地理学が取り扱う地区ごとに集計されたデータが常に縮尺と集計の二つの影響を受けていることから，地理学に固有のこの問題を可変単位地区問題（MAUP）と呼んだ．そして，個体間の関係を推測するのに，一つの集計だけから結論を導くべきでないことを主張した．

以上のように地理学者は，縮尺や地区の集計が，地図作成に影響を与えていることを指摘している．しかし，この非常に重要な変動源は，通常無視されている．なぜならば，既存のGISパッケージにおいては，それを取り扱うことのできる方法がないからである．かつては，少数の固定した地区による集計しか利用できなかったので，この問題は，さほど重要でなかった．しかし，GISはこの制約を取り除き，デジタル地図データの供給が進むにつれて，多数のゾーン編成体系を利用できるようにした．オープンショウ[13]は，この状況を次のように説明している．「利用者が独自のゾーン編成体系を選ぶことができるようになっても，不幸にも，GISが行う仕事は，MAUPの重要性を単に強調するという取るに足らない仕事だけである．UMAUP（利用者（user）MAUP）は，古典的なMAUPよりさらに多くの自由度を持っている．したがって，以前にも増して，さまざまな結果をもたらすようになってしまったのである」．GIS研究における挑戦すべき課題の一つは，このようなMAUPを解決できる地理分析のツールを開発することである．

8.3.1 生態学的誤謬の問題への解決に向けて

図8.2は，地区（センサス地区）レベルの相関と，その基礎を成す個人レベルの相関との間の典型的な関係を示している[14]．もし両相関が同一の結果であるならば，図において点の分布は対角線上に並ぶであろう．しかしながら，いくつかの研究から，その点の分布は図8.2にみられるように，S字型をとることが判明した．地区レベルの相関は個人レベルの相関より，同一の記号をとるが，絶対値が大きくなる傾向（縦に長く伸びたS字型）がみられる．また，個人レベルの相関で$+0.3$から-0.3の範囲にあたる分布の中心では，両相関の間で，記号が異なってしまうこともしばしばみられる．

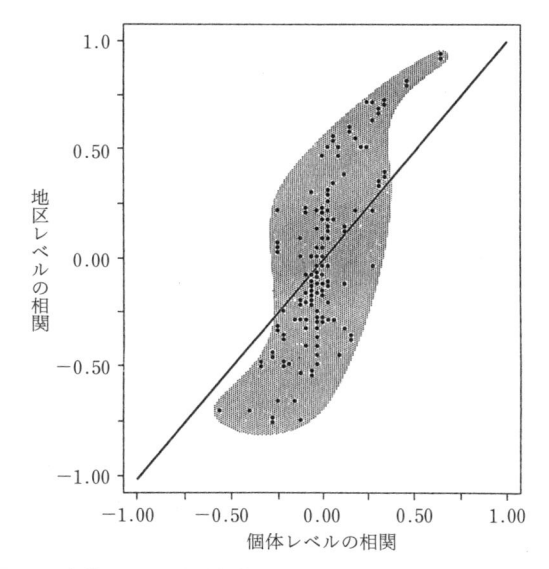

図 8.2 個体レベルの相関係数に対する地区レベルの相関係数のプロットにみられる S 字型の分布（Wrigley, et al., 1996）[14]

それでは，このような生態学的誤謬の問題を回避するにはどのようにすればよいのであろうか．この問題を解決するためには，二つのハードルがある．一つは，特定の地区に同じような個人や世帯が集住することを示す地区レベル分析の特性を理解するために，利用できる統計理論を開発することである．この理論は，個人レベルの分析の中に存在している小さな影響がどのようにして地区レベルの分析で拡大され，主要なバイアス源（生態学的誤謬）になるかを論証するものでなければならない．二つ目は，この統計理論から地区レベルの分析結果を調節する実践的方法を開発することである．

ある地域において，N 人の個人からなる母集団（人口）を考えてみよう．個人 i は，ベクトル y_i で表される研究中の一組の変数と関係している．人口は，地域内で M 個の地区に分布している．人口全体に対し，y は平均ベクトル μ_y，分散-共分散行列 Σ_{yy} を持つ分布をとると仮定する．しかし，個人レベルのこれらのデータは，分析者には入手できない．その代わり，m 個の地区における n 人の個人に対するサンプルのデータ y_i が入手でき，データが集計され地区レベルの平均 $\bar{y}_g$，$g=1,\cdots,m$ が与えられる．すると，地区レベルのサンプル分散-

共分散行列は，

$$\bar{S}_{yy}=1/(m-1)\sum_g n_g(\bar{y}_g-\bar{y})(\bar{y}_g-\bar{y}) \tag{8.10}$$

で示される．生態学的誤謬問題の近似は，地区レベルのサンプル分散-共分散行列 $\bar{S}_{yy}$ が，個人レベルの分散-共分散行列の推定値 Σ_{yy} とどうして異なるかをたずねることである．

スティール（Steel）とホルト（Holt）[15] の「結合」モデルを用いるならば，地区の一様性の影響（area homogeneity effect）が，一組のグループ分け／補助変数 z によって説明できると仮定することによって，地区レベルの統計量を用いて個人レベルの関係を推定するときに発生するバイアスは，二つの成分に分割できる．第1の成分はグループ分け／補助変数に関係し，第2の成分はその変数を制御した後における，地区内残差の影響である．したがって，適切なグループ分け変数が選択され，有意なバイアス成分を説明できることが示されたならば，個人レベルの推定量目標 Σ_{yy} に対する地区レベルの調整された推定値 $\widetilde{\Sigma}_{yy}$ は，

$$\widetilde{\Sigma}_{yy}=\bar{S}_{yy}+\bar{B}/_{yz}(\widehat{\Sigma}_{zz}-\bar{S}_{zz})\bar{B}_{yz} \tag{8.11}$$

のように，地区レベルのサンプル分散-共分散行列 $\bar{S}_{yy}$ から，グループ分け／補助変数に基づくバイアス成分を差し引くことで推定される（詳細は，文献[14]を参照）．この式を用いて，地区レベルの分散-共分散行列を調整することによって，個人レベルの関係を有意に推定することができた．この方法は，生態学的誤謬を解決する有力なアプローチであるとみなすことができる．

8.3.2 ゾーン設計問題

可変単位地区問題の中で，地理学者が直面するもう一つの問題は，ゾーン設計問題（zone design problem）である．GIS の発展にともなって小地域統計も整備され，上記のようにゾーン編成をいかようにも組むことができるようになった．ゾーン設計問題とは，N 個のオリジナルなゾーンを M 個の地区（$M<N$）に集計する問題である．この問題を考える場合，最良のゾーン編成体系はどのようなものなのであろうかということと関係してくる．これはおそらく，事象の空間分布を最もうまく捉える体系である．この研究を進めるために，空間分析ツールとして，さまざまなゾーン設計システム（zone design system：ZDES）が構築されている[16]．

以下に，イギリスの1991年のセンサスデータを利用した研究例を紹介する[17]．イングランドとウェールズは，全体で9,522のセンサス地区で構成されており，通常は54の州で集計される．図8.3(a)は，54州における外国生まれの人口のコロプレス地図を示している．問題は，この地図が外国生まれの人口に対し，意味のある空間的表現を与えているかということである．州の規模の差によって導入されたゆがみは，その空間パターンを不鮮明にし，局地的集中を減じるであろう．また，州の境界は，イギリスにおけるエスニック社会の分布を支配する因子と何ら関係を持たないであろう．州を使用することの唯一の利点は，標準的な地理として知られている地域編成を利用している点である．

構築されているZDESには，①人口の等量化，②人口の空間分散の最小化，③人口ポテンシャルの最小化，などの目的関数を用いている．人口の等量化では，地域の数は（例えば54に）固定され，地域内に入る人口（上記の例では，外国生まれの人口）がなるべく等しくなるように，連接性を維持しながらゾーンは集計される．人口の空間分散の最小化は，次式で定義される．

$$\text{Minimize} \quad \sum\sum P_i D_{ij} \quad (8.12)$$

ただし，P_iはセンサス地区iの人口数，D_{ij}はセンサス地区iからそれが属する地域jの人口重心への距離である．これは，大規模な立地-配分問題に等しい．この目的関数を利用すると，センサス地区は外国生まれの人口が多く居住するセンサス地区を中心として，そこへの距離（空間分散）を最小化するように（換言すると，人口間のアクセシビリティを最大化するように）集計される．人口ポテンシャルの最小化では，上記の式で距離がD_{ij}^{-2}となり，空間的相互作用モデルの形式をとる．②や③の目的関数には，人口制約などのペナルティ関数を付けることもできる．

図8.3(b)は，ZDESとして人口の空間分散の最小化を利用した結果を示している．この結果を得るためには，スーパーコンピュータを1時間程度走らせる必要がある．図8.3(a)に比べると，外国生まれの人口分布をより鋭く捉えている．このように通常使用されている行政的なゾーン編成に比べ，より望ましいゾーン編成は大きく異なっている．この研究からも明らかになるように，強力なゾーン設計アルゴリズムを開発し，GISに空間工学ツールとして組み込むことが必要である．

なお，ゾーン設計問題に関しては，第5章の付録3「地区デザインシステム」

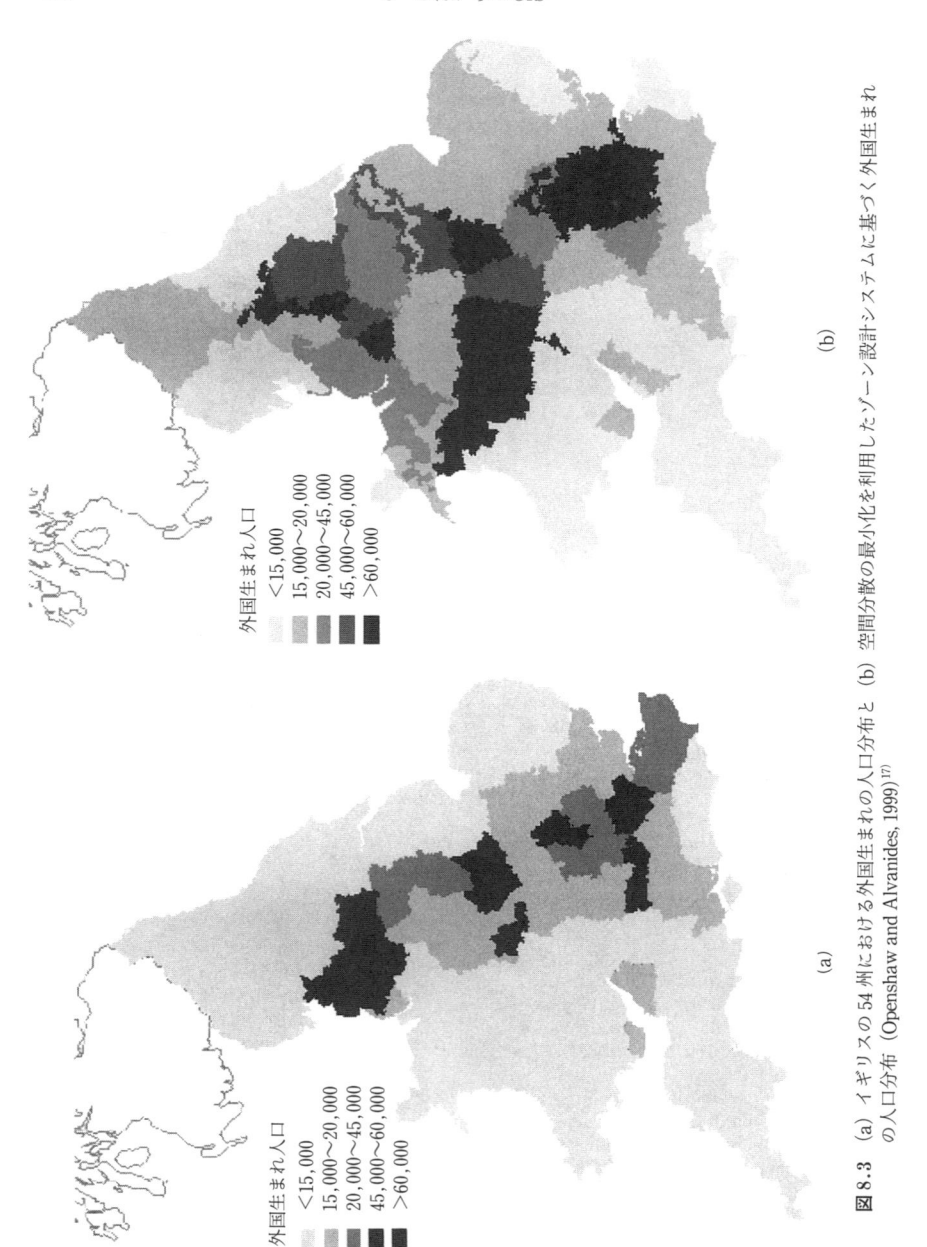

図 8.3 (a) イギリスの 54 州における外国生まれの人口分布と (b) 空間分散の最小化を利用したゾーン設計システムに基づく外国生まれの人口分布 (Openshaw and Alvanides, 1999)[17]

(pp. 128-129) もあわせて参照されたい．

8.4 地図総描の自動化

　紙の地図には，必ず地図の縮尺が記載されている．GIS の時代に入り，紙地図からデジタル地図になると，地図の縮尺は自由に設定できるようになった．一般に，1:500 や 1:1,000 は大縮尺，1:100,000 や 1:1,000,000 は小縮尺，その中間は中縮尺と呼ばれている．地図は縮尺に応じ，その表示範囲と，その中に含まれる情報量が変動する．すなわち，大縮尺の地図は小さな面積の地域しか表示しないが，その地域に関し多くの（高密度な）情報を持つ．それに対し小縮尺の地図では，大きな面積の地域を表すが，単位面積あたりにすると低密度の情報しか持たない．したがって，GIS 上で地図の縮尺を自由に設定できるようにするためには，縮尺に応じ地図に表現する情報の密度を変える必要がある．

　地図学では，このような表現技法を地図総描（map generalization）と呼ぶ．総描とは，「地図の編集・製図において，縮尺上の制限や利用目的からみた必要度に応じて，細かいもの，密集したものなどを簡略化して表現する技法」である[18]．GIS では，同じデータを使って，大縮尺の地図でも小縮尺の地図でも描けるようにするため，地図総描の自動化の研究が進められている．総描の自動化の研究では，地図編集者の経験によって今まで行われてきた総描の方法を一連の規則として書き出し，コンピュータに記憶させることが必要である．

　GIS のデータベースは，地理（空間）的要素と統計的要素で構成されている．したがって，地図総描も地理的オブジェクトの幾何学的操作に関わる地理（空間）的総描と，属性変換に関わる統計的総描がある．地理的総描は，縮尺が変わっても地図上での事象の図形的特徴を保有させるため，さまざまな空間的変換が考案されている．空間的変換には，簡略化，平滑化，集約など10のオペレータがある[19]．

　例えば簡略化（simplification）とは，形状の特徴をよく表す点を保有し，不必要と考えられる余分な点を削除するオペレータである．簡略化に対し，多くのアルゴリズムが開発されている[20]．図 8.4 は，代表的な一つとしてダグラスの簡略化アルゴリズムを示している．このアルゴリズムの特徴は，線全体を考慮して簡略化を進める点にある．アルゴリズムの第 1 段階は，始点（p_1）と終点（p_{40}）

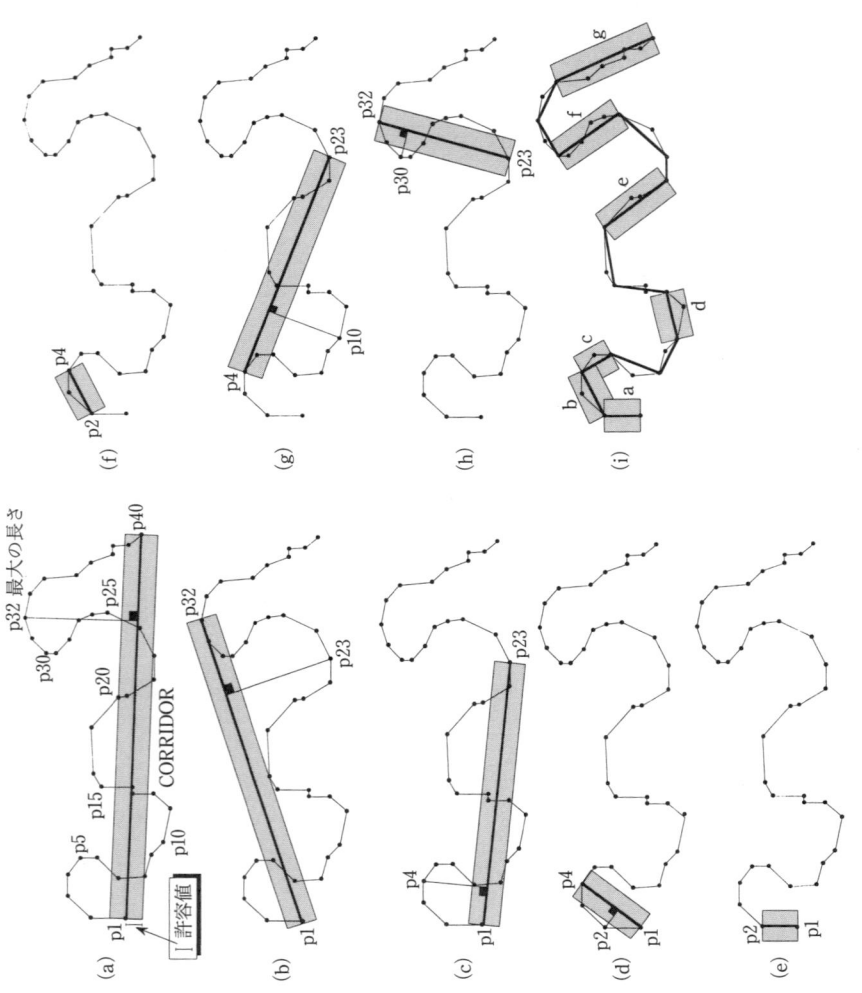

図 8.4 ダグラスの簡略化アルゴリズム (McMaster and Shea, 1992)[20]

の間で許容範囲(陰影の部分)が確立される(図8.4(a)).すべての中間点から始終点を結ぶ線に対し垂線が下ろされその長さが求められる.最大の長さを持つ中間点(p_{32})の位置がスタック内に置かれるとともに,次の終点に選ばれる(b).垂線の長さが許容範囲を超える中間点があるまでは,この処理が続けられる(c~e).第2段階は,始点がp_2に移動し,スタック内の最後の点p_4が終点として選ばれる.唯一の中間点p_3は許容範囲内にあるので,幾何学的に重要でないとみなされ削除される(f).処理が続けられ(g, h),最終的に図8.4(i)の太線のように線の簡略化が行われる.

地図総描のプロセスは全体として複雑なため,その自動化には知識ベースアプローチの方法が利用されてきた.総描のメカニズムを実行するためには,上記のようなさまざまなアルゴリズムを利用している.ハノーバー大学地図学研究所は,コンピュータ支援の地図総描の長期研究プログラムを1978年に開始し,CHANGEと呼ばれるシステムを開発した[21].このシステムは,縮尺1:1,000~1:5,000および1:5,000~1:25,000といったドイツの基本図の縮尺変更に対する総描を行っている.CHANGEの開発の目的は,人間の介在を減らす試みである.縮尺を変更すると,建物が空間的に衝突するため,人間の手により建物を転位させるというような修正がいまだ必要である.CHANGEによる作業結果では,約50%が自動化できることが検証されている.

最近では,総描の自動システムの開発は,STRATEGE[22]やMAGE[23]のようにオブジェクト指向データモデルを援用している.ソフトウェアの開発にオブジェクト指向技術を用いることによって,より全体的(ホリスティック)で状況的(コンテクスチュアル)な総描の側面を取り扱えるようになった.以前のシステムでは,事象を個別的に取り扱ったが,これらのシステムではすべての事象を同時に取り上げ,それらの間の相互関係を考察できるようになった.これを達成するためには,近接性や隣接性の関係を決定し,空間的衝突を検知することが行われている.

以上,地図総描の自動化に関する研究の現状を考察した.これからもわかるように,完全なる自動化にはまだほど遠い状況である.総描の自動化が完成したならば,最も詳しい大縮尺の地図のみを更新すれば,残りの中縮尺や小縮尺の地図は自動的に作成されるのである.このことから,地図総描の自動化は,GISの中心的技術を成すものであり,GIS研究の最重要な研究課題として,今後も研

究に取り組んでいかなければならない. 〔高阪宏行〕

文　献

1) Tobler, W. R. (1979): Cellular geography. *Philosophy in Geography* (Gale, S. and Olsson, G. eds.), pp. 379-386, Reidel.
2) Fischer, M. M. (1999): Spatial analysis: retrospect and prospect. *Geographical Information Systems: Volume* 1 (2nd ed.) (Longley, P. A., Goodchild, M. F., Maguire, D. J. and Rhind, D. W. eds.), pp. 283-292, John Wiley & Sons.
3) 高阪宏行 (2002): 地理情報技術ハンドブック, pp. 27-59, 朝倉書店.
4) Fotheringham, A. S. (2000): GIS-based spatial modelling: a step forwards or a step backwards?. *Spatial Models and GIS* (Fotheringham, A. S. and Wegener, M. eds.), pp. 21-30, Taylor & Francis.
5) Brunsdon, C., Fotheringham, A. S. and Charlton, M. E. (1996): Geographically weighted regression—a method for exploring spatial non-stationarity. *Geographical Analysis*, **28**: 281-298.
6) Fotheringham, A. S., Charlton, M. E. and Brunsdon, C. (1997): Two methods of investigating spatial non-stationarity. *Geographical Systems*, **4**: 59-82.
7) Fotheringham, A. S., Brunsdon, C. and Charlton, M. E. (2002): *Geographically Weighted Regression: The Analysis of Spatially Varying Relationships*, pp. 207-239, John Wiley & Sons.
8) Cassetti, E. (1972): Generating models by the expansion method: applications to geographical research. *Geographical Analysis*, **4**: 81-91.
9) Orford, S. (1999): *Valuing the Built Environment: GIS and House Price Analysis*, pp. 23-43, Ashgate.
10) Robinson, W. S. (1950): Ecological correlations and the behavior of individuals. *American Sociological Review*, **15**: 351-357.
11) Openshaw, S. (1977): A geographical solution to scale and aggregation problems in region-building, partitioning, and spatial modelling. *Transactions, Institute of British Geographers*, **2**: 459-472.
12) Openshaw, S. (1984): *The Modifiable Areal Unit Problem, Concepts and Techniques in Modern Geography*, **38**, GeoBooks.
13) Openshaw, S. (1996): Developing GIS-relevant zone-based spatial analysis methods. *Spatial Analysis: Modelling in a GIS Environment* (Longley, P. A. and Batty, M. eds.), pp. 55-73, GeoInformation International.
14) Wrigley, N., Holt, T., Steel, D. G. and Tranmer, M. (1996): Analysing, modelling, and resolving the ecological fallacy. *Spatial Analysis: Modelling in a GIS Environment* (Longley, P. A. and Batty, M. eds.), pp. 23-40, GeoInformation International.
15) Steel, D. G. and Holt, D. (1996): Analysing and adjusting aggregation effects: the ecological fallacy revisited. *International Statistical Review*, **64**(1): 39-60.
16) Openshaw, S. and Rao, L. (1995): Algorithms for re-engineering 1991 Census geography. *Environment and Planning A*, **27**: 425-446.
17) Openshaw, S. and Alvanides, S. (1999): Applying geocomputation to the analysis of spatial distributions. *Geographical Information Systems: Volume* 1, *Principles and Technical Issues* (2 nd ed.) (Longley, P. A., Goodchild, M. F., Maguire, D. J. and Rhind, D. W. eds.), pp. 267-282, John Wiley & Sons.
18) 日本国際地図学会編 (1985): 地図学用語事典, p. 188, 技報堂出版.

19) 前掲 3), pp. 123-126.
20) McMaster, R. B. and Shea, K. S. (1992): *Generalization in Digital Cartography*, Association of American Geographers.
21) Grünreich, D., Powitz, B. and Schmidt, C. (1992): Research and development in computer-assisted generalization of topographic information at the Institute of Cartography, Hannover University. *Proceedings of the Third European Conference on Geographical Information Systems*, 23-26 March, pp. 532-541.
22) Ruas, A. and Plazanet, C. (1997): Strategies for automated generalization. *Advances in GIS Research II, Proceedings of the 7th International Symposium on Spatial Data Handling* (Kraak, M.J., Molenaar, M. and Fendel, E. eds.), pp. 319-336, Taylor & Francis.
23) Bundy, G., Jones, C. and Furse, E. (1995): Holistic generalization of large-scale cartographic data. *GIS and Generalization : Methodology and Practice* (Muller, J.C., Lagrange, J.P. and Weible, R. eds.), pp. 109-119, Taylor & Francis.

文献紹介
より詳しく学ぶために

　初学者に役立つ和文献を中心に，1990年代末以降に出版され，GIS（地理情報システム）について体系的に論じた書物を紹介する．最初の4冊は入門書であり，本書と並行して読むとGISに対する理解がより深まるであろう．

■中村和郎・寄藤　昂・村山祐司編（1998）：地理情報システムを学ぶ，古今書院．
　GISの仕組みを平易に解説した初心者向けの教科書．GISの基礎から応用まで体系的に理解できるよう構成上の配慮がされている．最後の章では，GISを学ぶための図書，雑誌，さらには空間データ，ソフトウェア，ホームページなどが紹介されている．

■矢野桂司（1999）：地理情報システムの世界—GISでなにができるか—，ニュートンプレス．
　デジタル地図とは何か，地理情報システム（GIS）で何が可能か．本書は，急速に普及しつつあるGISの概念，操作方法，実社会への適用，そして未来像などを，豊富な活用事例を交えながら紹介している．読みやすく，GISを本格的に勉強しようという気にさせてくれるテキストである．

■岡部篤行（2001）：空間情報科学の挑戦，岩波書店．
　現代科学のホットな話題を，気鋭の研究者が易しく明快に語る「岩波科学ライブラリー」の一冊．GISに関心を抱き，これから勉強しようと思っている学徒，とくに文科系の学部学生に推薦したい．急速な発展を遂げる空間情報科学とはどんな学問で，どのように社会に役立つのか，具体例をもって説示する夢のある入門書である．

■野上道男・岡部篤行・貞広幸雄・隈元　崇・西川　治（2001）：地理情報学入門，東京大学出版会．
　大学専門課程あるいは大学院修士課程向けの地理情報学の教科書．「地理情報学とは何か」から始まって，「地理的世界の表現法」，「GISで利用される地理データ」，「GISによる空間分析」，「GISを応用した研究事例」，「地理情報学の地理学的背景」と題した章が順に並ぶ．終章（地理情報学の展望）では，各執筆者が地理情報学の新しい動きや課題，今後進むべき道などについて示唆に富む論を自由に展開しており，興味深い．

■ジオマティックス研究会編（2002）：改訂版 GIS 実習マニュアル ArcView 版，日本測量協会．

　大学や専門学校で GIS 教育に携わる研究者が取りまとめた実習書．世界標準の GIS ソフトともいわれる ArcView をベースに，地理情報処理の概要，地理情報の作成法，統計地図の作り方，数値地図を使った地形表現などを，具体的な例を参照しながら学べる．

■張　長平（2001）：地理情報システムを用いた空間データ分析，古今書院．

　GIS の空間解析機能について論じた専門的学術書．点パターン分析，ネットワーク分析，空間補間によるサーフェス分析，空間的自己相関分析，空間的属性の分類と空間クラスターの発見，ラスターデータ分析，空間的拡散分析などを概説する．地域分析の手法，空間モデルの構築方法などの習得を目指す学生や実務者に推薦したい．

■高阪宏行・村山祐司編（2001）：GIS—地理学への貢献，古今書院．

　ツールとしての GIS が地理学の諸分野にいかに寄与するのか，その有用性について論じる．GIS を利用した実証研究の成果やファクト・ファインディングよりも，方法論に力点を置き，伝統的な手法と対比させながら，GIS の特長について第一線で活躍する 24 名の地理学者が論述する．自然的分野，人文的分野，理論・応用的分野の 3 部，全 22 章で構成される．

■マギー・グッドチャイルド・ラインド編，小方　登・小長谷一之・碓井照子・酒井高正訳（1998）：GIS 原典—地理情報システムの原理と応用（1）—，古今書院．

　地理情報科学という分野横断的な学問を総合的に解説．2 部からなり，第 1 部では，GIS の定義，歴史，技術的・商業的・行政的・学術的な背景，制度などが述べられる．第 2 部では，空間の概念と地理データ，座標系と地図投影法，データ構造，データの性質，空間解析機能，視覚化，総描，GIS の仕様と実装，法的側面，空間データの交換と標準化などのテーマが取り上げられる．

■高阪宏行（2002）：地理情報技術ハンドブック，朝倉書店．

　GIS はここ 10 年に劇的な発展を遂げたが，本書は，その変貌を総合的に捉え，GIS の基本概念，方法，最新の動向を，1）地理情報技術，2）GIS の応用と関連技術，3）空間データ・空間データモデル・空間データベースの 3 部，計 30 章に整理したハンドブックである．世界における GIS 研究の最先端を知ることができる．

■地理情報システム学会編（2004）：地理情報科学事典，朝倉書店．

　本書は，地理情報システム学会の総力を結集して編集された，わが国初の本格的な GIS の事典である．基礎編，実用編，応用編にわかれる．532 頁からなり，GIS の最重要項目 200 が見開き形式で明快に解説される．個人で購入するには価格（16,000 円）が難点であるが，研究室には常備しておきたい一冊．

■地理情報システム学会用語・教育分科会編（2000）：地理情報科学用語集（第2版），地理情報システム学会．

　GISの論文や書物，マニュアルを読んでいると，よく外来語や専門用語にでくわす．意味がわからないとき，重宝なのがこの用語集．地理情報科学，コンピュータ科学，地理学，地図学，測量学，リモートセンシング，計算幾何学などに関する基礎的用語が満載されている．各項目（50音順）は英語名，解説，参照語の順に配列されている．巻末の「地理情報科学関連基本文献ならびに雑誌類一覧」も役に立つ．オンラインのGIS用語集も参考になる（http://gisschool.csis.u-tokyo.ac.jp/gisa/）．

■Longley, P. A., Goodchild, M. F., Maguire, D. J. and Rhind, D. W. (2001): *Geographic Information Systems and Science*, John Wiley & Sons.

　英語で書かれたGISの書物は数多いが，地理学専攻の学徒に一冊紹介するとすれば，迷わず本書をあげる．GISが地理情報システムから地理情報科学へと進化しつつあることを強調しながら，GISの原理，仕組み，構成，技術から社会への応用，近年の動向や今後の発展可能性まで体系的に解説する．ESRI社が提供するバーチャルキャンパス（http://campus.esri.com）と併用すると，欧米のGIS研究に対する理解がより深まる．

〔村山祐司〕

索　引

■ ア　行
アクティブセンサー　73
アドレスマッチング　92

意思決定支援　3
位相構造　58
一次データ　69
遺伝的アルゴリズム　119, 123, 125, 126
イメージスキャナー　76
因子生態研究　146
インターネット GIS　23

衛星画像　150
エッジ　65

オーバーレイ　3
オーバーレイ処理　142
オブジェクト指向 GIS　14
オープン GIS　20
重み付け点　86
オントロジー　14

■ カ　行
解像度　108
外部プログラム　177
加工基礎図　105
画層　99
カナダ　1
カナダ地理情報システム　1
カーナビゲーションシステム　155
可変単位地区問題　128, 191
可変の地区単位問題　191
カルトグラム　3
間隔尺度　69
官庁統計　19

簡略化　197

気温　171
気候学　170
基礎図　103
教育 GIS フォーラム　19
凝集型　90
曲率　163
距離　90
距離測定　91
均等型　90

空間回帰モデル　186
空間解析　85
空間概念　25
空間拡張ヘドニックモデル　189
空間拡張モデル　188
空間加重関数　188
空間情報科学研究センター　18
空間属性　68
空間的意思決定支援　26
空間的異質性　185
空間的影響　184
空間的従属性　184
空間的主題属性　94
空間的衝突　199
空間的相互作用モデル　112, 114, 122, 123
空間的表現　195
空間的平均　87
空間データ　55
空間データ基盤整備　23
空間データモデル　139
空間統合社会科学センター　17
空間分散　195
空間分析　1, 184

空中写真　73
グラフ理論　155
クリアリングハウス　21, 81
クリギング　12
グリッド　108

景観　174
傾斜　163
計量革命　6

降水量　170
国際地理学連合　2
国際標準化機構　20
国勢調査　19
国土空間データ基盤　23, 81
国土空間データ基盤推進協議会　18
国土数値情報　13, 78
国土地理院　20
国家地理情報分析センター　17
コロプレス地図　94
コンピュテーショナル地理学　118, 119

■ サ　行
最近隣距離　90
最近隣指数　90
サーフェス　66

ジオコンピュテーション　12, 26, 111
ジオデモグラフィクス　130
ジオリレーショナル構造　58
時間概念　25
施設管理　155
自然災害　175
自然地理学　161

自然な切れ目分類　95
質的データ　68
実用的ツール　1
社会地区分析　145
写真測量　76
写真測量法　164
写真地図生成　5
斜面崩壊　168
集計の影響　191
重心　87
集中型アーキテクチャ　23
縮尺の影響　191
主題図　85
主題属性　68
巡回性　69
順序尺度　68
情報スーパーハイウェイ構想　23
植生地理学　172
植生変化　173
自立分散型アーキテクチャ　23
人口重心　88
人工知能　118
侵食モデル　168

水系網　165
水質　169
水文学　169
数値地形モデル　74
数値地図　42, 77
数値標高モデル　63
スパゲッティ構造　58

正規化差分植生指標　152
正射写真　76
生態学的誤謬　191
世界測地系　20
セル　62
全(汎)地球測位システム　71

属性データ　41, 55, 67
属性表　68
ゾーン設計システム　194
ゾーン設計問題　194
ゾーン編成体系　191

■ タ　行
大気汚染　172

地域研究所　15
地球観測衛星　150
地球地図　24
地球統計学　12
地空間データクリアリングハウス　21
地形解析　163
地形学　162
地形分類　166
地形変化　164
地上測量　71
地図オーバーレイ　99
地図総描の自動化　197
中心地点　89
地理学　25
地理加重回帰　186
地理行列　5
地理情報　19
地理情報クリアリングハウス　22
地理情報システム学会　3, 38
地理データ　55

ティーセン多角形　65
デジタイザー　74
デジタルアース構想　23
デジタル化　19
デジタル写真測量ワークステーション　74
データ稼働　15
データベース機能　7
点パターン分析　90

等間隔分類　94
統計 GIS プラザ　25
統合型 GIS ポータルサイト　25
等度数分類　95
等面積分類　95
都市計画基本図　79
都市情報システム　8
都市・地域情報システム学会　6
都市地理学　145
土壌侵食　168
土壌地理学　173
トータルステーション　71
トムリンソン（Tomlinson）　1

ドローネ三角網　65

■ ナ　行
二次データ　69
日射量　171

ネットワーク分析　155

ノード　65

■ ハ　行
パッシブセンサー　73
バッファ　100
バッファリング　3, 100, 141
ハーバード大学　9
パラメータ・ドリフト　189

ピクセル　62
非集計データ　25
標準偏差分類　95
比例尺度　69

ファジー理論　174
フィールドサイエンス　26
フェース　65
ブール演算子　61
分析的地図学　5
分類法　94

平均値　86
ベクターデータ　41
ベクターデータモデル　57
ベクタライズ　42
ヘッドアップデジタイジング　75

ポイント　57
補間　171
ポリゴン　57
ボロノイ分割　65

■ マ　行
名義尺度　68
メタデータ　20, 82
メッシュ統計　146
メモリ　33
面積測定　96

索　引

モデル稼働　15
モバイル GIS　26

■ ヤ　行
ユークリッド距離　91

■ ラ　行
ライン　57
ラスターデータ　40, 108
ラスターデータモデル　61
ラスター-ベクター変換　75
ランダム分布　90

リモートセンシング　73, 169
流域　165
流下方向　165
流出解析　169
量的データ　69
理論・計量化　6

ルンド学派　6

レイヤー　99
レイヤー管理型 GIS　14
連邦地理データ委員会　21

■ ワ　行
ワシントン大学　5

■ 欧　文
AGILE　17
AI　118
ALIS　13
Arc/Info　13
CALFORM　10
CGIS　1
CPU　32
CSIS　18
CSISS　17
DEM　63, 74, 162
DIME　9, 58
DOTMAP　10
EUROGI　17
FGDC　21
FM　155
Galileo　73
GC　111
GeoComputation　12
GIMMS　12
GIScience　26
GISystem　26
GIS 革命　25
GIS ソフトウェア　177

GIS の歩み　3
GLONASS　73
GPS　71
GPS 受信機　72
GRID　10
IGU　2
ISO　20
k-means 法　130
LBS　15
MANDARA　38
MAUP　128
NCGIA　17, 113, 114, 117
NDVI　152
NORMAP　6
NSDI　23, 81
NSDIPA　18
ODYSSEY　11
OGC　20
RRL　15, 113, 114
SYMAP　9
SYMVU　10
TIGER　9, 58
TIN データモデル　64
UCGIS　17
URISA　6
WebGIS　23
ZDES　194

209

編者略歴

村山祐司（むらやまゆうじ）

1953年　茨城県に生まれる
1983年　筑波大学大学院博士課程中退
現　在　筑波大学大学院生命環境科学研究科教授
　　　　（理学博士）

シリーズ〈人文地理学〉1
地理情報システム　　　　　　　　定価はカバーに表示

2005年5月30日　初版第1刷
2007年8月30日　　　第2刷

編 者　村　山　祐　司
発行者　朝　倉　邦　造
発行所　株式会社　朝　倉　書　店
　　　　東京都新宿区新小川町6-29
　　　　郵便番号　162-8707
　　　　電話　03(3260)0141
　　　　FAX　03(3260)0180
　　　　http://www.asakura.co.jp

〈検印省略〉

© 2005〈無断複写・転載を禁ず〉　　　中央印刷・渡辺製本
ISBN 978-4-254-16711-5　C 3325　　Printed in Japan

前広島大 森川 洋・松山大 篠原重則・元筑波大 奥野隆史編 日本の地誌9 **中国・四国** 16769-6 C3325　　B5判 648頁 本体25000円	〔内容〕中国・四国地方の領域と地域的特徴／中国地方の地域性／中国地方の地域誌（各県の性格と地域誌：鳥取県・島根県・岡山県・広島県・山口県）／四国地方の地域性／四国地方の地域誌（香川県・愛媛県・徳島県・高知県）
前筑波大 西沢利栄・拓殖大 小池洋一・JICA本郷 豊・農工大 山田祐彰著 **アマゾン**　―保全と開発― 16341-4 C3025　　A5判 160頁 本体3500円	世界最大の熱帯雨林地帯で、生物多様性に富み世界有数の遺伝子資源の宝庫であるアマゾンの全体像を"保全と開発"を軸に描いた学術書。〔内容〕アマゾンの自然環境と伝統的資源利用／アマゾン自然環境破壊の脅威／アマゾンの自然を守る努力
東洋大学国際共生社会研究センター編 **環境共生社会学** 18019-0 C3040　　A5判 200頁 本体2800円	環境との共生をアジアと日本の都市問題から考察。〔内容〕文明の発展と21世紀の課題／アジア大都市定住環境の様相／環境共生都市の条件／社会経済開発における共生要素の評価／米英主導の構造調整と途上国の共生／環境問題と環境教育／他
東大 神田 順・東大 佐藤宏之編 **東京の環境を考える** 26625-2 C3052　　A5判 232頁 本体3400円	大都市東京を題材に、社会学、人文学、建築学、都市工学、土木工学の各分野から物理的・文化的環境を考察。新しい「環境学」の構築を試みる。〔内容〕先史時代の生活／都市空間の認知／建築／音環境／地震と台風／東京湾／変化する建築／他
元広島大 村上 誠編 **現代地理学**（改訂版） 16325-4 C3025　　A5判 208頁 本体2800円	現代地理学のテーマを厳選し解説した好入門書。〔内容〕地理学のあゆみ／地理学とフィールドワーク／地域区分／絵図／砂漠と水／高度帯／環境／かんな流し／孤立国／工業地域／アーバン・スプロール／中心地。演習問題、キイワードも付した
前日大 松井 健編著 **応用地理学ノート** 16329-2 C3025　　A5判 224頁 本体3200円	欧米の先例に学び、自然の地域性とそこで活動する住民との関わりを基礎とした手法を自ら開発してきた編者による「生きた応用地理学」の試み。〔内容〕地理情報の意義と地域計画への適用／環境地理学試論／災害地理学序説／地域計画論ノート
日本文化大 石井 實著 **地と図**　―地理の風景― 16328-5 C3025　　B5判 184頁 本体5000円	さまざまな「地理的景観」は、人と自然との出会いによって形作られてきた。本書は、刻々と変貌する日本の風景をレンズを通して見つめ続けてきた著者が、「時間」の役割を基礎にその全体像を再構成した、個性ある「地理」写真集である
東京地学協会編 **伊能図に学ぶ** 16337-7 C3025　　B5判 272頁 本体6500円	伊能忠敬誕生250年を記念し、高校生でも理解できるよう平易に伊能図の全貌を開示。〔内容〕論文（石山洋・小島一仁・渡辺孝雄・斎藤仁・渡辺一郎・鶴見英策・清水靖夫・川村博忠・金窪敏和・羽田野正隆・西川治）／伊能図総目録／他
日本国際地図学会編 **日本主要地図集成**（普及版） ―明治から現代まで― 16345-2 C3025　　A4判 272頁 本体18000円	明治以降に日本で出版された主な地図についての情報を網羅。〔内容〕主要地図集成（図版）／主要地図目録（国の機関、地方公共団体、民間、アトラス、地図帳等）／主要地図記号／地図の利用／地図にかかわる主要語句／主要地図の年表／他
前東大 西川 治監修 **アトラス日本列島の環境変化**（普及版） 16346-9 C3025　　A3判 202頁 本体23000円	過去100年余の日本列島の環境変化を地理情報システム等を駆使したカラー地図と説明文で解説。〔内容〕都市化／農地利用の変化／林野利用／自然生態系／水文環境／人口分布／鉱工業の発達／公共機関／交通／自然と人口／都道府県別の変化

帝京大 田辺 裕総監修
早大 平野健一郎・東大 小寺 彰監修
世界地理大百科事典 1

国　際　連　合

16661-3 C3325　　　　B 5 判 516頁 本体25500円

国際紛争の調停役として注目をあびる国際連合。一方で創立50年以上を経て動脈硬化も指摘されている。この巨大な国際機関を，理事会，総会などの組織面と，ILO，WHO，UNESCOなどの関連機関の各部に分けて詳述

帝京大 田辺 裕総監修
信州大 柴田匡平・京大 島田周平監修
世界地理大百科事典 2

ア　フ　リ　カ

16662-0 C3325　　　　B 5 判 672頁 本体28500円

全世界のあらゆる国について，各国別に詳述した地理大百科事典。大国に偏することなく，小国にも十分な配慮を示し，密度の濃い内容となっている。類書を規模において凌駕し，これからの各国別地誌データベースとして不可欠のシリーズ

帝京大 田辺 裕総監修
フェリス女大 新川健三郎・東大 髙橋 均監修
世界地理大百科事典 3

南　北　ア　メ　リ　カ

16663-7 C3325　　　　B 5 判 608頁 本体28500円

各国ごとに位置，地形，環境などの自然地理的叙述から，歴史，経済，宗教，住宅，教育などの人文地理的説明に至るまで各小項目に分かれ，調べたい項目を横断的に読めば，それだけで世界を一望することができる仕組みとなっている

帝京大 田辺 裕総監修　東大 村田雄二郎他監修
世界地理大百科事典 4

アジア・オセアニアⅠ

16664-4 C3325　　　　B 5 判 448頁 本体28500円

国ごとの翻訳はその国に精通している方々が翻訳の任にあたり，原文解釈には万全を期した。また，関連する国々を地域ごとにまとめて監修作業を行うことで，鳥瞰的かつ整合的な記述を目指すことができ，信頼できるデータ集を構築した

帝京大 田辺 裕総監修　東大 村田雄二郎他監修
世界地理大百科事典 5

アジア・オセアニアⅡ

16665-1 C3325　　　　B 5 判 448頁 本体28500円

21世紀に入った現在，世界でもっとも注目されている地域がアジアだといえよう。それを反映して，本シリーズで最大の分量を誇る同巻の翻訳では，五十音順でタイまでをⅠ巻，台湾以降をⅡ巻の2分冊とした

帝京大 田辺 裕総監修
二松学舎大 木村英亮・法大 中俣 均監修
世界地理大百科事典 6

ヨ　ー　ロ　ッ　パ

16666-8 C3325　　　　B 5 判 688頁 本体28500円

正確を期すると同時に日本語としても読める事典になるよう十分配慮し，さらに翻訳にあたっては，原文に対して補注という形で，歴史的事実やデータなどを補うことによって，「今」を理解する基礎資料とした

帝京大 田辺 裕監訳

オックスフォード辞典シリーズ

オックスフォード地理学辞典

16339-1 C3525　　　　A 5 判 384頁 本体8800円

伝統的な概念から最新の情報関係の用語まで，人文地理と自然地理の両分野を併せて一冊にまとめたコンパクトな辞典の全訳。今まで日本の地理学辞典では手薄であった自然地理分野の用語を豊富に解説，とくに地形・地質学に重点をおきつつ，環境，気象学の術語も多数収録。簡潔な文章と平明な解説で的確な定義を与える本辞典は，地理学を専攻する学生・研究者のみならず，地理を愛好する一般読者や，地理に関係ある分野の方々にも必携の辞典である。

前筑波大 山本正三・元上武大 奥野隆史・筑波大 石井英也・
筑波大 手塚　章編

人　文　地　理　学　辞　典

16336-0 C3525　　　　B 5 判 532頁 本体27000円

地理学は"計量革命"以降大きく変貌した。本書はその成果を，新しい地理学や人文主義的地理学などを踏まえ，活況を呈している人文地理の分野に限定，辞典として集大成した。地図・地理・工業・都市などの伝統的な領域から，環境・エネルギーをはじめとする新しい部門まで項目2000を厳選。専門家はもちろんのこと，一般読者にも"読める"ように，厳密・詳細でありながら，平明な記述を目指した。主要項目には参考文献も付し，さらなる検索に役立つように配慮した

筑波大 村山祐司編
シリーズ〈人文地理学〉2
地　域　研　究
16712-2　C3325　　　　Ａ５判 216頁 本体3800円

学際的色彩の濃い地域研究の魅力を地理学的アプローチから丁寧に解説。〔内容〕地域研究の発展と地理学／地域研究の方法／地域調査の重要性／発展途上世界・先進世界の地域研究／社会科学の中の地域研究／地域研究と地域政策／課題と将来

首都大 杉浦芳夫編
シリーズ〈人文地理学〉3
地　理　空　間　分　析
16713-9　C3325　　　　Ａ５判 216頁 本体3800円

近年の空間分析に焦点を当てて数理地理学の諸分野を概説。〔内容〕点パターン分析／空間的共変動分析／可変単位地区問題／立地－配分モデル／空間的相互作用モデル／時間地理学／Ｑ－分析／フラクタル／カオス／ニューラルネットワーク

大阪市大 水内俊雄編
シリーズ〈人文地理学〉4
空　間　の　政　治　地　理
16714-6　C3325　　　　Ａ５判 232頁 本体3800円

空間の広がりやスケールの現代政治・経済への関わりを地理学的視点から見直す。〔内容〕地政学と言説／グローバル（ローカル）なスケールと政治／国土空間の生産と日本型政治システム／社会運動論と政治地理学／「自然」の地理学／他

大阪市大 水内俊雄編
シリーズ〈人文地理学〉5
空　間　の　社　会　地　理
16715-3　C3325　　　　Ａ５判 192頁 本体3800円

人間の生活・労働の諸場面で影響を及ぼし合う「空間」と「社会」―その相互関係を実例で考察。〔内容〕社会地理学の系譜／都市インナーリング／ジェンダー研究と地理／エスニシティと地理／民俗研究と地理／寄せ場という空間／モダニティと空間

首都大 杉浦芳夫編
シリーズ〈人文地理学〉6
空　間　の　経　済　地　理
16716-0　C3325　　　　Ａ５判 196頁 本体3800円

ボーダレス時代の経済諸活動が国内外でどのように展開しているかを解説。〔内容〕農業立地論／産業立地論／日本の商業・流通／三大都市圏における地域変容／グローバル経済と産業活動の展開／国内・国際人口移動論／観光・トゥーリズム

大阪市大 水内俊雄編
シリーズ〈人文地理学〉8
歴　史　と　空　間
16718-4　C3325　　　　Ａ５判 208頁 本体3800円

多彩な歴史的アプローチから地域，都市，空間を考察して地理学の魅力を提示。〔内容〕古代空間の地理的イメージ／「条里制」研究から何が見えるか／近世社会と空間／古地図・絵図の世界／社会経済史研究と地理学／空間論と歴史研究／他

法大 中俣　均編
シリーズ〈人文地理学〉9
国　土　空　間　と　地　域　社　会
16719-1　C3325　　　　Ａ５判 220頁 本体3800円

グローバルな環境問題を見据え日本の国土・地域開発政策のあり方と地理学の関わりを解説。〔内容〕地球環境と日本国土／戦後日本の国土開発政策／都市化社会の進展／過疎山村の変貌／地方分権時代の国土・地域政策／21世紀の地域社会創造

筑波大 村山祐司編
シリーズ〈人文地理学〉10
21　世　紀　の　地　理
―新しい地理教育―
16720-7　C3325　　　　Ａ５判 196頁 本体3800円

理念や目標，内容，効果，世界的動向に重点を置き，地理教育のあり方と課題を未来指向で解説。〔内容〕地理教育の歩み／地理的な見方・考え方／地理教育の目標／地理教育の方法／地理教育先進国の動向（米・英）／課題と将来

地理情報システム学会編
地　理　情　報　科　学　事　典
16340-7　C3525　　　　Ａ５判 548頁 本体16000円

多岐の分野で進展する地理情報科学（GIS）を概観できるよう，30の大項目に分類した200のキーワードを見開きで簡潔に解説。〔内容〕［基礎編］定義／情報取得／空間参照系／モデル化と構造／前処理／操作と解析／表示と伝達。［実用編］自然環境／森林／バイオリージョン／農政経済／文化財／土地利用／自治体／防災／医療・福祉／都市／施設管理／交通／モバイル／ビジネス他。［応用編］情報通信技術／社会情報基盤／法的問題／標準化／教育／ハードとソフト／導入と運用／付録

上記価格（税別）は 2007 年 7 月現在